崔玉涛 图解宝宝成长 6

运动发育

崔玉涛 / 著

人民东方出版传媒
東方出版社

崔大夫寄语

2012年7月《崔玉涛图解家庭育儿》正式出版，一晃7年过去了，整套图书（10册）的总销量接近1000万册，这是功绩吗？不是，这是家长朋友们对养育知识的渴望，是大家的厚爱！在此，对支持我的各界朋友表示感谢！

我开展育儿科普已20年，2019年11月会迎来崔玉涛开通微博10周年。回头看走过的育儿科普之路，我虽然感慨万千，但更多的还是感激和感谢：感激自己赶上了好时代，感激社会各界对我工作的肯定，感谢育儿道路上遇到的知己和伙伴，感谢图解系列的策划出版团队。记得2011年我们一起谈论如何出书宣传育儿科普知识时，我们共同锁定了图解育儿之路。经过大家共同奋斗，《崔玉涛图解家庭育儿1——直面小儿发热》一问世便得到了家长们的青睐。很多朋友告诉我，看过这本书，直面孩子发热时，自己少了恐慌，减少了孩子的用药，同时也促进了孩子健康成长。

不断的反馈增加了我继续出版图解育儿图书的信心。出完10册后，我又不断根据读者的需求进行了版式、内容的修订，相继推出了不同类型的开本：大开本的适合日常翻阅；小开本的口袋书，则便于年轻父母随身携带阅读。

虽然将近1000万册的销量似乎是个辉煌的数字，但在与读者交流的过程中，我发现这个数字中其实暗含了读者们更多的需求。第一套《崔玉涛图解家庭育儿》的思路侧重新生儿成长的规律和常见疾病护理，无法解决年轻父母在宝宝的整个成长过程中所面临的生活起居、玩耍、进食、生长、发育的问题。为此，我又在出版团队的鼎力支持下，出版了第二套书——《崔玉涛图解宝宝成长》。这套书根据孩子成长中的重要环节，以贯穿儿童发展、发育过程的科学的思路，讲解养育的逻辑与道理，及对未来的影响；书中还原了家庭养育生活场景，案例取材于日常生活，实用性强。这两套书相比较来看，第一套侧重于关键问题讲解，第二套更侧重实操和对未来影响的提示。同时，第二套书在形式上也做了升级，图解的部分更注重辅助阅读和场景故事感，整套书虽然以严肃的科学理论为背景，但是阅读过程中会让读者感到轻松、愉快，无压力。

本册主题是“运动发育”。小儿运动的发育不是杂乱无章的，而是循序渐进的，它遵循着一定的规律。本册除了关注宝宝自出生起到 3 岁之间大运动及精细运动的发育规律外，还告知家长在锻炼宝宝运动发育过程中需要注意的问题及解决办法。比如，“宝宝爱踮脚走路有关系吗”“宝宝迟迟不翻身怎么办”“如何引导宝宝从扶站到独站”“宝宝左利手有必要引导吗”等。因此本书分别从运动知识、大运动发育、精细运动发育、利于运动发育的环境、损害运动发育的常见误区及运动发育的一般规律六个方面出发，向家长阐述宝宝的运动发育知识及规律，帮助家长了解小儿运动发育的趋势、每个阶段运动发育的特点，让家长及时发现宝宝可能存在的运动发育障碍，并能使家长在训练宝宝的运动中做到有的放矢。

愿我的努力，在出版团队的支持下，使养育孩子这个工程变得轻松、科学！感谢您选择了《崔玉涛图解宝宝成长》这套图书，它将陪伴宝宝健康成长！

育学园首席健康官

北京崔玉涛育学园诊所院长

2019 年 5 月于北京

运动知识

什么是运动P4

宝宝自出生起运动发育的大致规律P13

为什么要运动P7

运动发育不好有什么负面影响P10

运动发育的一般规律

6月龄宝宝运动发育一般情况P126

36月龄宝宝运动发育一般情况P137

12月龄宝宝运动发育一般情况P128

24月龄宝宝运动发育一般情况P134

18月龄宝宝运动发育一般情况P131

损害运动发育的常见误区

食物性状长期很精细，不利于口腔肌肉的发育P106

对大运动跳跃式训练说NO！P116

偶尔“能”不代表“会”P120

提拉宝宝双手悠着玩，太危险P104

强行扶宝宝站立，不可取P110

被动操，不要随意给宝宝做P113

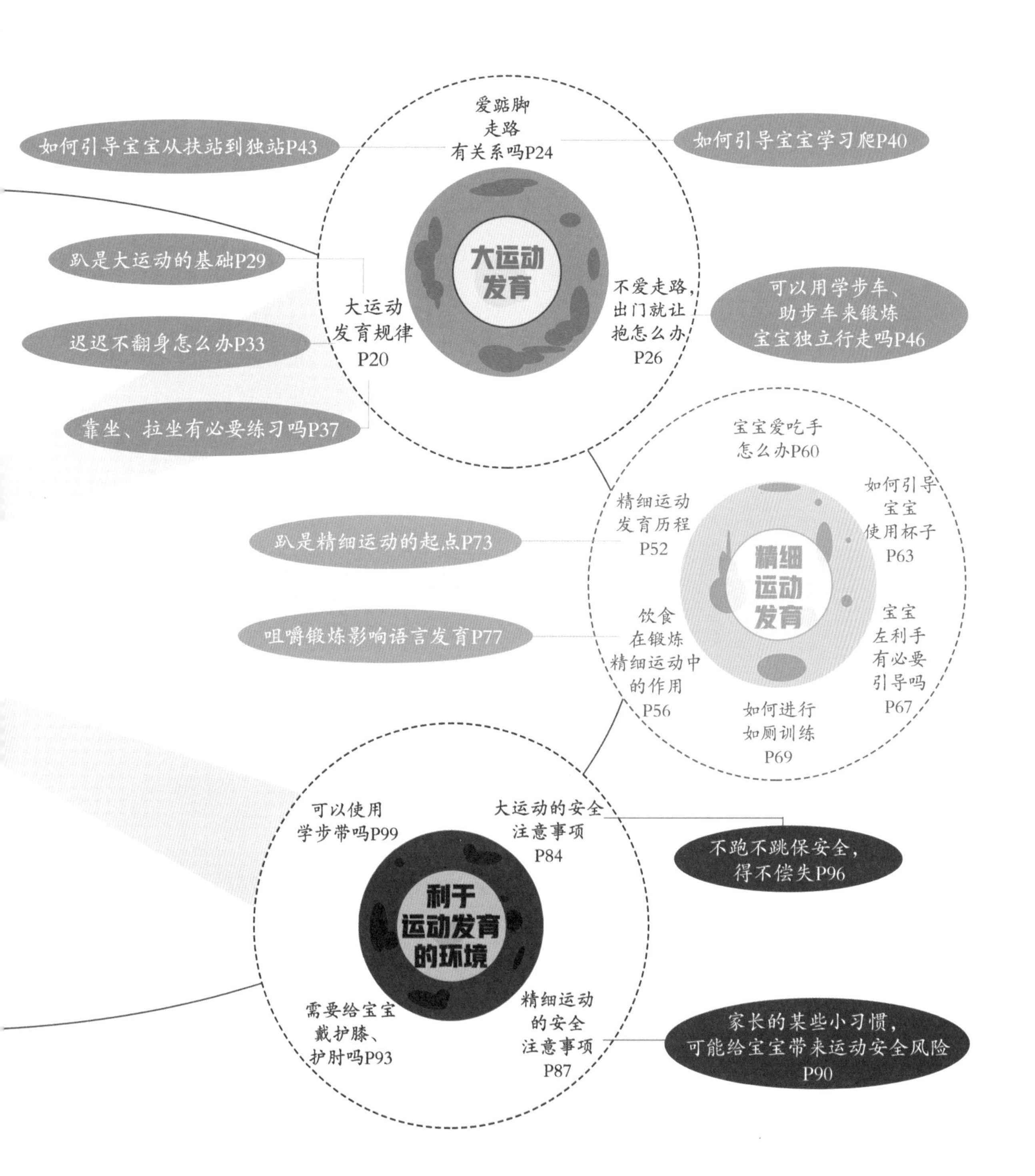
爱踮脚
走路
有关系吗P24
如何引导宝宝从扶站到独站P43
如何引导宝宝学习爬P40
大运动
发育
趴是大运动的基础P29
大运动
发育规律
P20
不爱走路，
出门就让
抱怎么办
P26
可以用学步车、
助步车来锻炼
宝宝独立行走吗P46
迟迟不翻身怎么办P33
靠坐、拉坐有必要练习吗P37
宝宝爱吃手
怎么办P60
如何引导
宝宝
使用杯子
P63
精细运动
发育历程
P52
趴是精细运动的起点P73
精细
运动
发育
咀嚼锻炼影响语言发育P77
饮食
在锻炼
精细运动中
的作用
P56
宝宝
左利手
有必要
引导吗
P67
如何进行
如厕训练
P69
可以使用
学步带吗P99
大运动的安全
注意事项
P84
不跑不跳保安全，
得不偿失P96
利于
运动发育
的环境
需要给宝宝
戴护膝、
护肘吗P93
精细运动
的安全
注意事项
P87
家长的某些小习惯，
可能给宝宝带来运动安全风险
P90

CONTENTS

目 录

Part 1 运动知识

Part 2 大运动发育

Part 4 利于运动发育的环境

Part 5 损害运动发育的常见误区

Part 6 运动发育的一般规律

精细运动发育

利于运动发育的环境

大运动发育

损害运动发育的
常见误区

运动知识

运动发育的一般规律

Part 1 运动知识

运动知识

我总觉得，宝宝的运动发育应该是自然而然的。但是，家里的老人总情不自禁地和邻居家孩子作比较，一旦发现宝宝哪项能力有点落后，就会焦虑。

为什么宝宝还不会走路？会不会是腿有什么问题？

我家宝宝走路确实比较晚，13 个月了还不能独自走路，但是按照大运动发育表来说，我觉得宝宝发育是正常的。

在家里，宝宝喜欢扶着沙发挪两步，奶奶就特别紧张地在旁边保护。

能明显感觉到宝宝的小脚迈得更迟疑了，表情也变得紧张起来，手会紧紧地抓住沙发。

在室外，奶奶担心人多，怕宝宝自己走会被撞到，所以只要出门就是抱着，或者让宝宝坐在小车里。

在这种过度保护下，宝宝怎么可能早早地学会走呢？

医生点评

宝宝的大运动发育的确是一个水到渠成的过程，每个宝宝都有自己的发育特点。

家长不要总是将自己的宝宝和别人家的宝宝作比较，那不仅会让自己徒增焦虑，也会把不安的情绪传递给宝宝，干扰他的正常练习。

宝宝的大运动发育要经过他自己不断尝试、失败、再尝试，最终成功掌握运动技巧的过程，所以家长要有足够的耐心。

家长虽不能人为地干预宝宝的发育，但要为宝宝提供锻炼的机会。此外，安全、舒适的练习环境以及家长给予的信任、鼓励、耐心等，是促进宝宝大运动发育必不可少的条件。

什么是运动

运动能力的发展遵循着一定的规律，而各项运动的发展水平在很大程度上能反映出大脑发育的程度。宝宝的运动能力严重落后，往往预示着宝宝的智力发育存在问题。宝宝运动水平发育通常包括两方面：大运动（也叫大动作）发育和精细运动（也叫精细动作）发育，这两类运动指的是不同肌肉群的运动能力，重要性并无轻重之分。

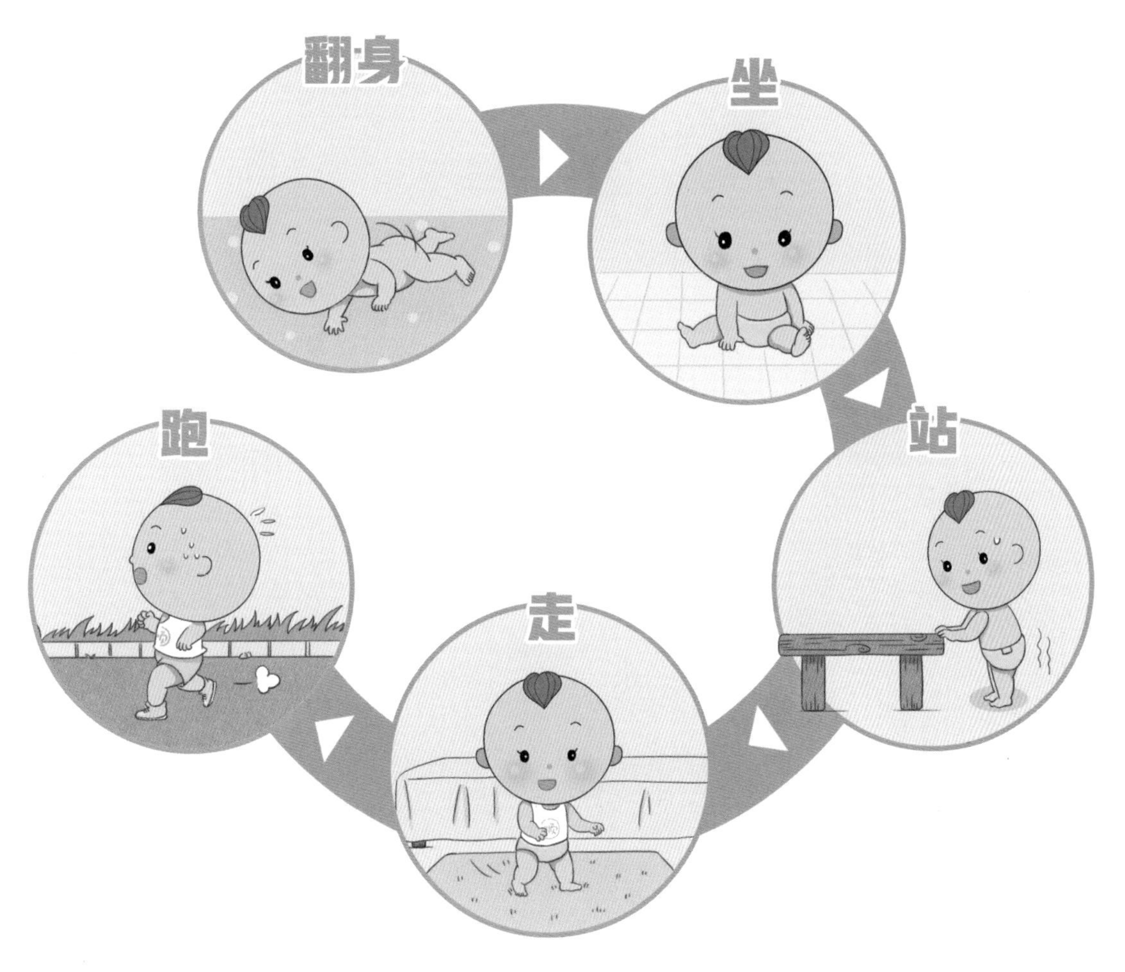

- 大运动是大肌肉群共同参与的运动，主要指头颈部、躯干和四肢幅度比较大的动作，如翻身、坐、站、走、跑等。也就是人们常说的“一举头、二举胸、三翻、六坐、七滚、八爬、九站”。
- 大运动发育是一个水到渠成的过程，通常随着宝宝月龄的增长而发展，不需要人为干预，但是家长要为宝宝提供充足的练习机会。

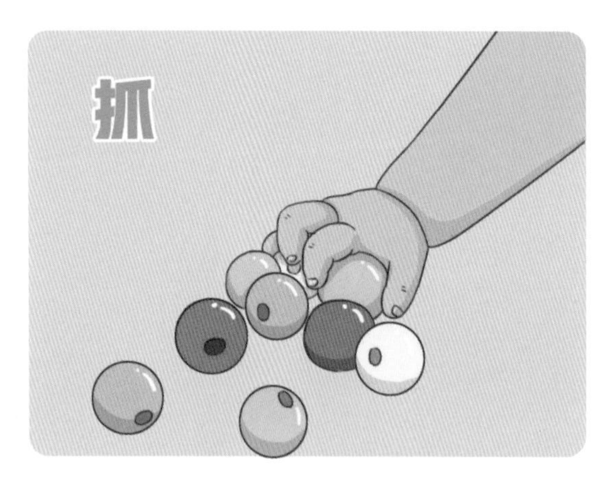

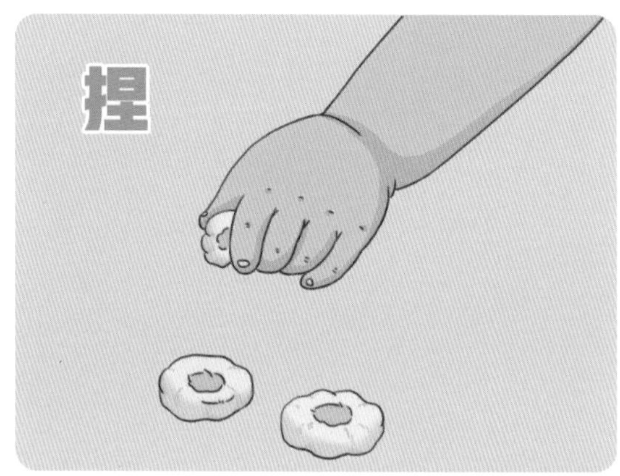

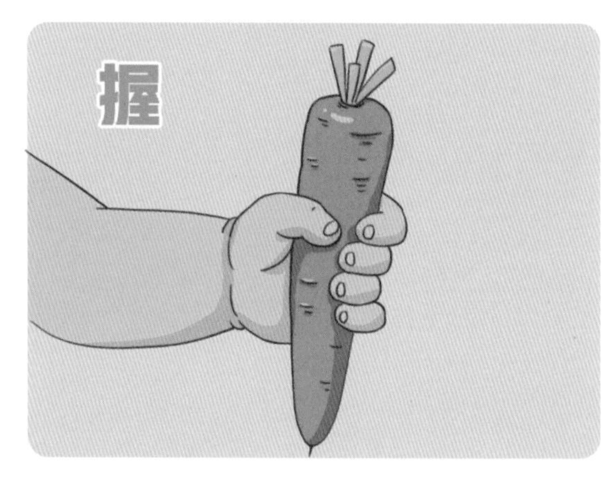

- 精细运动主要是指手和手指的动作，比如抓、捏、拿、握，还有手眼协调能力等。与大运动发展不同的是，精细运动的发展需要家长的训练。
- 由于精细运动需要感知觉、注意等多方面配合才能完成，所以它与宝宝认知能力的发展有密切的关系。训练宝宝的精细动作和手眼协调能力，能让他更好地自主探索世界，有助于提高认知水平，促进智力发育。

为什么要运动

● 运动能够影响宝宝生长发育的方方面面，从身高、体重到免疫力，再到认知水平、意志、品质等。

简要地说，运动为宝宝带来的好处包含以下几点：

增强呼吸器官的功能

在锻炼过程中，人体需要消耗更多氧气、排出更多二氧化碳，呼吸器官能得到更多锻炼，久而久之肺活量便会提高，呼吸器官的功能会增强，人体抵御呼吸系统疾病的能力也会增强。

促进智力发育

运动过程中，神经可以将各种刺激冲动传递给大脑，从而促进脑细胞的发育。

促进骨骼增长，让肌肉更发达

骨骼，尤其是长骨，其两端的骺软骨部分是生长点，也就是说，骨骼是骨两端在不断增长。运动能改善血液循环，给骨组织提供更多营养，还能对骨骼进行机械刺激，在这些因素综合作用下，促进骨骼生长，宝宝身高自然也会增长。另外，运动还能增强肌肉力量。

促进神经系统发育

在锻炼过程中，身体的各部分都要由神经系统进行统一的控制和调节，保证动作的协调，所以宝宝在运动的同时，神经系统也得到了锻炼。

增进食欲

运动能够在一定程度上促进胃肠蠕动，提高宝宝的消化能力。运动过程中会消耗很多热量，从而刺激宝宝的食欲，帮助宝宝摄入更多的营养。食欲的增强，在一定程度上还能改变宝宝挑食、偏食的习惯。

增强免疫力

运动可以使身体各器官得到充分锻炼，促进新陈代谢，促进食欲增加，促使宝宝摄取的营养越来越均衡，这样宝宝的免疫力自然会提高。

塑造良好的性格

运动不仅能锻炼身体，还能磨炼意志。即使是小婴儿，在学习各种动作时也需要勇气与毅力——不断尝试、不断失败、再尝试，直到能熟练完成一个动作。

运动发育不好有什么负面影响

● 宝宝的运动能力差，不仅影响生长发育水平，还会影响日常生活的方方面面。

简要地说，缺乏大运动给宝宝带来的负面影响，主要表现在以下几个方面：

- 骨骼得不到足够营养与机械刺激，一定程度上会影响身高的增长。
- 肌肉因为缺乏锻炼，力量也会比较弱。
- 心、肺等器官得不到足够的锻炼，新陈代谢水平降低。
- 由于运动量小，宝宝的食欲很可能会受到影响，从而导致营养摄入不足。
- 神经系统很少有机会控制和调节机体功能，不利于神经系统的发育。

精细运动能力不好，或者锻炼精细运动的机会少，可能会影响孩子的日常生活。

手眼协调能力无法得到充分的锻炼，在一定程度上会干扰宝宝认知水平的提升。

如果宝宝不会用拇指和食指配合捏、提，那么在上厕所时，就很难独立穿脱裤子。其他的一些技能，像穿鞋，系纽扣，用勺子、筷子吃饭等，都需要用到精细运动能力。

宝宝自出生起运动发育的大致规律

- 宝宝的运动能力发展，遵循着一定的顺序和原则。大运动发育是水到渠成的过程，不需要人为过多干预；而精细运动发育则需要充足的训练。

宝宝出生后，首先具备的是最初的动作能力：反射。常见的新生儿反射包括吸吮反射、抓握反射、踏步反射、惊跳反射等。这些反射属于对刺激做出的自发性动作，并非是有意识的。总的来说，宝宝的动作能力发育遵循3条原则：

第一个原则

从上到下。婴儿出生后，最早发展的是头部动作，之后是躯干部的动作，最后是脚的动作。常言道：一举头、二举胸……这就是说宝宝最先学会的是俯卧抬头，俯卧时胸部慢慢离开床面，这也就过渡到了躯干的动作。

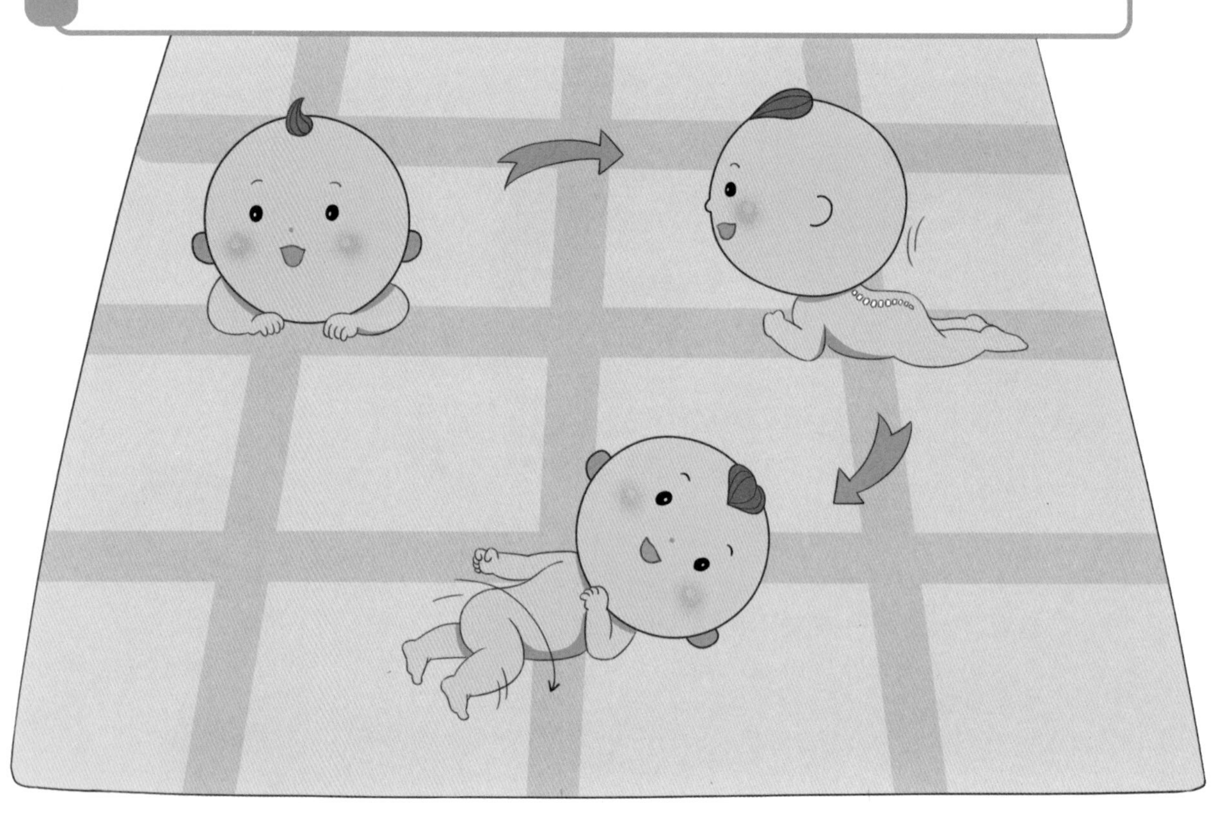

第二个原则

从近到远。这个原则是说，身体中心部分的肌肉先得到锻炼，这些部位的动作也最先得到发展，而四肢和肢端部分的动作后发展。

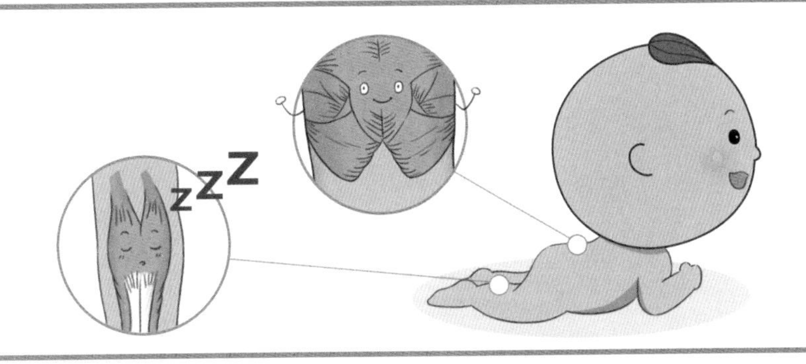

第三个原则

整体—部分—整体。婴儿刚刚出生时，出现的是全身动作，躺在床上，躯干扭动、四肢乱蹬，基本没有目的性，这时候的动作属于未分化的大肌肉群动作。慢慢地，随着宝宝神经系统的发育、肌肉力量的增强，加上反复的练习，宝宝掌握的动作不断分化，动作也更加精准，动作的目的性也更强，这时候的动作是按照身体的“部分”逐渐发展。当所有动作逐渐熟练后，宝宝全身动作的协调性会更好，这时候动作又回归了“整体”。

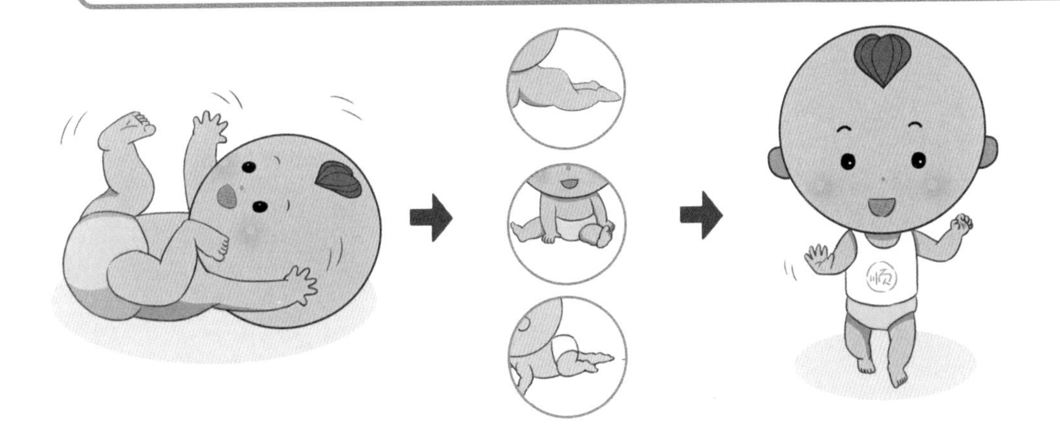

Part2 大运动发育

大运动发育

大运动发育需要循序渐进，不能跳跃式训练。早期，我会多让宝宝趴着，这对后面的一系列运动发育的确起到了积极的作用。

奶奶看见邻居家宝宝走路特别早，有些羡慕，总想给宝宝加强一下练习。

不管是翻身、独坐、爬行，还是站立、行走，我们没有进行太多的干预，只是给宝宝机会去尝试，并且尽可能不要总是抱着他，所以，这些动作基本上都是宝宝独立完成的。

我查阅了一些比较权威的著作，都不提倡过早训练宝宝走路，因为揠苗助长会对宝宝的骨骼和肌肉造成损伤。

家长没必要和别的宝宝比较，尊重宝宝自己的发育节奏才是最好的选择。

医生点评

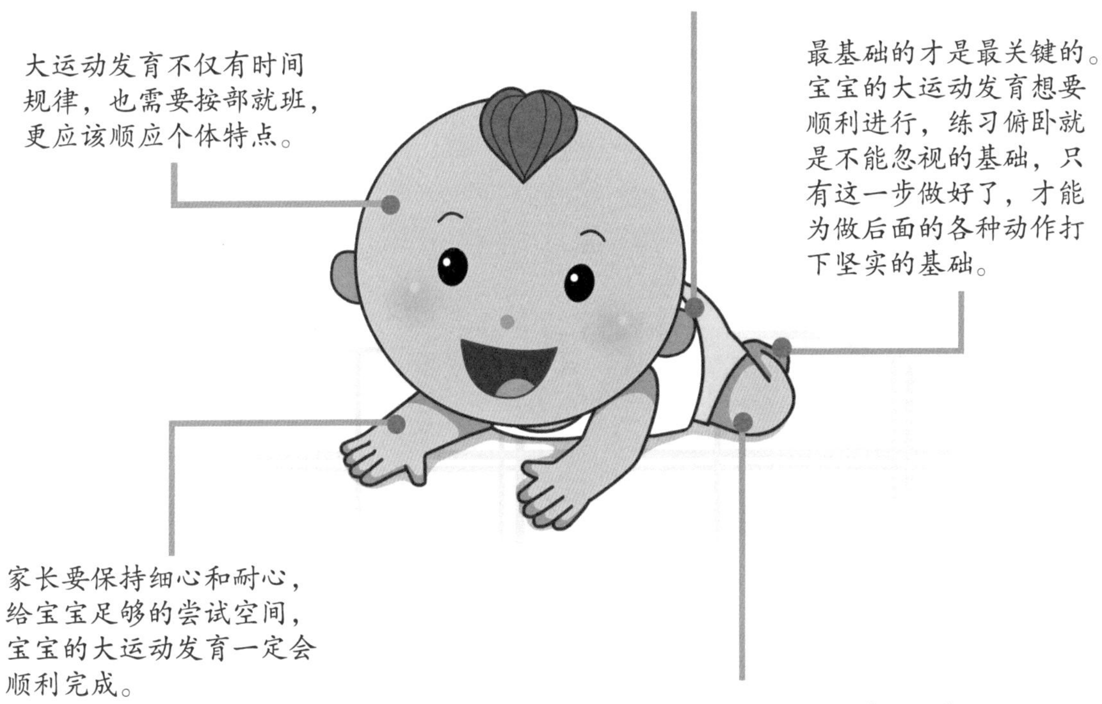
当发现宝宝在某个大运动环节有所欠缺时，不要把眼光局限在当前，可以多让宝宝练习上一个动作，这样往往会起到事半功倍的效果。
大运动发育不仅有时间规律，也需要按部就班，更应该顺应个体特点。
最基础的才是最关键的。宝宝的大运动发育想要顺利进行，练习俯卧就是不能忽视的基础，只有这一步做好了，才能为做后面的各种动作打下坚实的基础。
家长要保持细心和耐心，给宝宝足够的尝试空间，宝宝的大运动发育一定会顺利完成。
宝宝练习的过程中，家长不能替代或帮助宝宝进行，而应该采取引导的方式，让宝宝自己做，或配合适当的辅助工具。

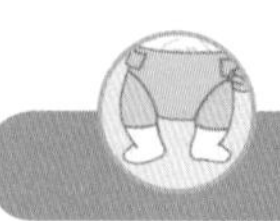

大运动发育规律

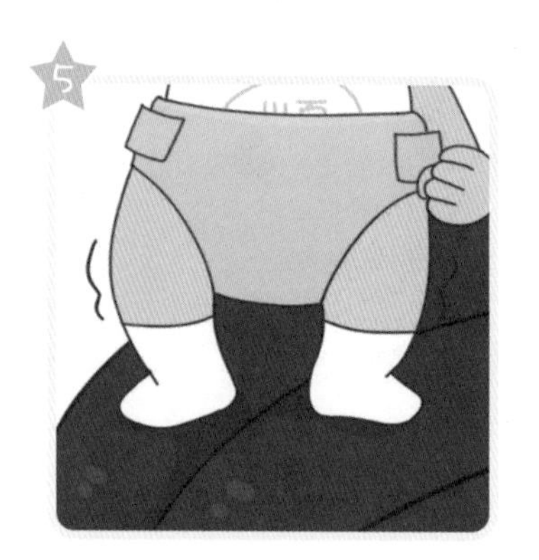

- 宝宝的大运动发育有一定的时间规律，家长可以适度引导，尽量避免过度人为干预。

宝宝的大运动发育是一件自然而然、水到渠成的事情，每个宝宝都有自己的规律。每一个新的大运动，都是在熟练掌握前一个大运动后自然发生的，而非由家长控制。所以不要试图人为加快大运动发育速度，否则可能会给宝宝的骨骼和肌肉造成不必要的损伤。

趴

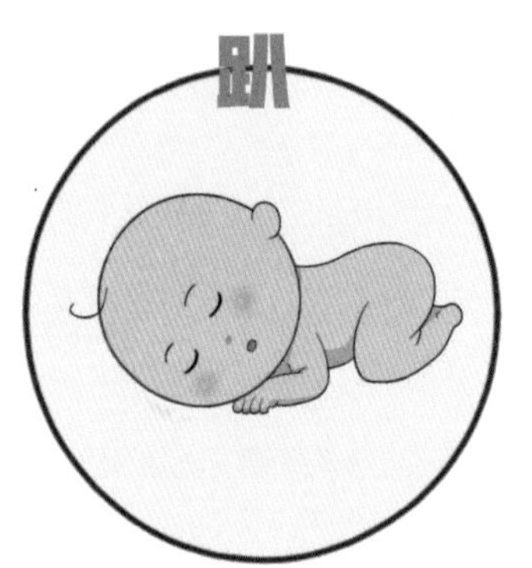

大运动的起点是俯卧，也就是趴着。宝宝出生后只要没有异常，其实就可以开始尝试俯卧了。

抬头

在俯卧的基础上，宝宝开始练习抬头，这个动作会让颈部肌肉得到锻炼，并逐渐形成颈部的生理曲线。

抬胸

宝宝在抬头的基础上，继续向上练习抬胸，让颈背部肌肉力量得到充分锻炼，为后续的动作发展打下基础。

翻身

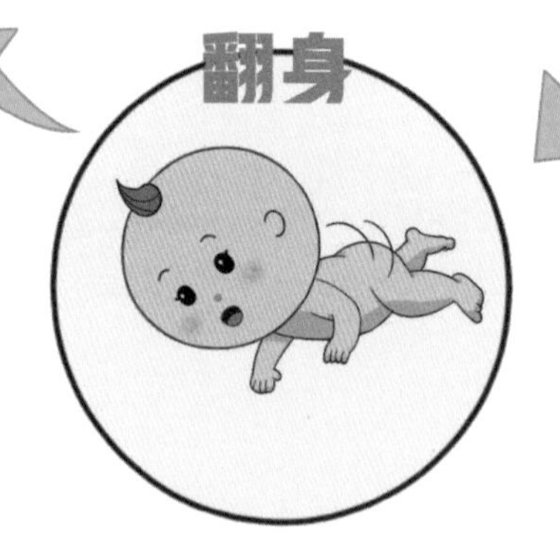

有了强有力的颈背部肌肉，宝宝才能够慢慢学会翻身，在不断的尝试中逐渐掌握身体用力和平衡的技巧。

坐

当熟练翻身后，宝宝对身体的控制能力才有了大幅提升，能够在双臂的帮助下完成坐的动作。

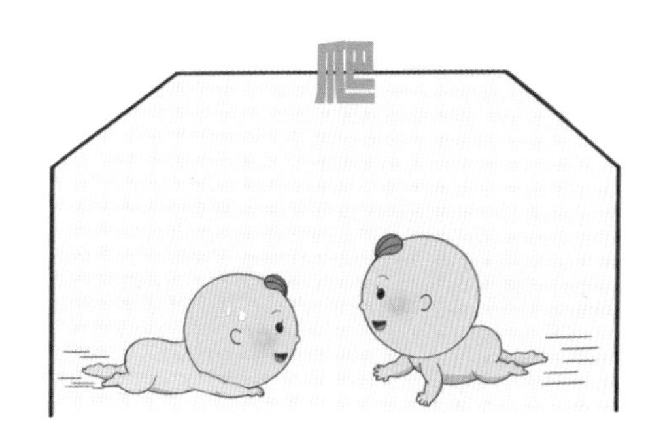

通过不断地重复从趴到坐的动作，宝宝的腰背部肌肉会更加有力，当能够熟练独坐，爬也就变得顺理成章了。

宝宝刚开始爬的时候可能还不能做到腹部离床，这是因为四肢和腹部的支撑力量还有所欠缺，通过一段时间的反复练习，就可以实现腹部离开床面爬行了。爬行能够为站立和行走做准备。

宝宝爬行一段时间后，四肢力量会得到充分锻炼，就有能力通过借力实现自主站立。当熟练掌握了站立的平衡性，迈开腿走路也就水到渠成了。

爱踮脚走路有关系吗

1
来，宝宝慢点，找妈妈！
2
咦？宝宝走路怎么踮脚尖啊？
3
我家宝宝刚学会走，可总是踮脚尖！
4
我家宝宝小时候也那样，不放心的话，看看医生。
5
检查结果都正常。
6
乖宝宝，终于不踮脚尖走路了！
妈妈！

- 宝宝刚学走路的时候，踮着脚走路是很正常的，这主要是由于跟腱还没有发育好，宝宝对怎样控制腿脚来保持身体平衡还不太熟练，家长不用太过在意宝宝踮脚走路的姿势。
- 家长应该顺应发育规律，不要让宝宝过早练习走路，把运动的主动权交给宝宝，让他按自己的节奏进行。

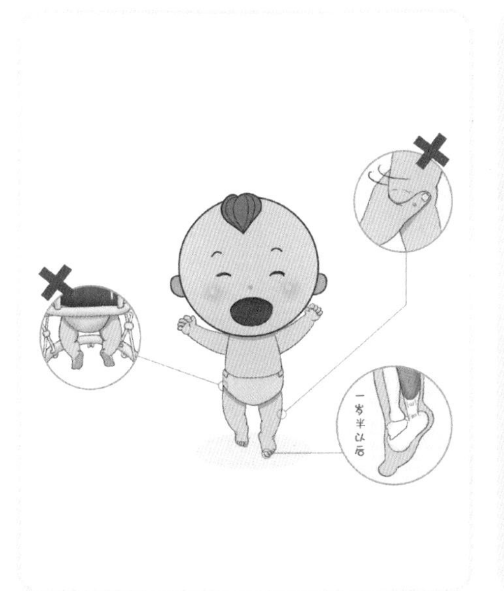

- 宝宝能够扶站或扶着物体缓慢移步后，家长不要过多介入，刻意纠正宝宝的走路姿势。只要提供安全的环境，让宝宝多加练习就好。
- 不要使用学步车，否则会加重踮脚走路的症状，还容易导致 O 型腿。家长可以使用助步车来帮助宝宝练习走路。
- 如果宝宝还没有开始学习站或走，脚尖就经常绷直，类似芭蕾舞的脚型，或者已经 1 岁半了，还是始终脚尖着地走路，就应该到医院检查是否有下肢肌张力过高或者跟腱过短的可能。

不爱走路，出门就让抱怎么办

- 排除疾病的原因，在理解宝宝心态的基础上，尽可能让走路变得有趣，激起宝宝走路的兴趣。

对于宝宝来说，被抱起来不仅可以获得心理上的安抚，还能增进和大人之间的情感交流。被抱着时，宝宝的视野更加开阔，视觉体验也更好，加上刚学会走路的新鲜感消除后，走路的疲累愈加凸显出来，宝宝变得不爱走路是很正常的。家长要充分理解这种心态，不要一味地批评。

如果宝宝自己走，家长要给予热情的表扬和鼓励，这有助于让宝宝保持对走路的积极性。如果宝宝不愿意走，家长也不要取笑责备，可以暂时满足他的需求，然后再尝试鼓励他自己走。

在走路过程中玩一些游戏，可以让走路变得更有趣味。比如看谁先走到最近的树下，或者给宝宝一个新奇的拖拽玩具。

鼓励宝宝走路时，要设定合理的目标。同样的距离对于大人和宝宝来说，感觉是不同的。如果宝宝真的累了，家长要表示理解。

家长和宝宝一起走路时，尽量保持与宝宝的步调一致，不要过快。可以在超前宝宝一段距离的地方等候，鼓励宝宝赶上家长。

趴是大运动的基础

- 趴影响后续所有大运动的发展，所以在家长细心的看护下，要让宝宝多练习趴。

运动发展是有一定顺序的，每一步都
对后面的运动有不可替代的促进作
用，不能跳跃式进行。趴是所有运动
的基础，可以刺激宝宝全身肌肉协调
性的发展。在学习抬头、翻身、坐、
爬、走时，宝宝需使用到的肌肉都可
以通过俯趴来进行锻炼。

- 对于健康的足月宝宝来说，从一出生就可以尝试俯趴，如果家长担心宝宝太小，也可以满月后再练习。
- 宝宝一开始练习俯趴，每次 2~3 分钟，之后可以逐渐延长时间。一般到 3 月龄左右时，可以每天趴两次，一次 15 分钟。
- 趴着并不会压迫宝宝的内脏器官，大多数人趴着感觉不舒服是因为肌肉不适应，而非压迫了脏器。

- 练习俯趴的时间最好是宝宝清醒且精力充沛的时候，哭闹时或者刚吃完奶都不适合练习。如果宝宝非常不耐烦或情绪不太好，要及时停止练习。
- 家长可以和宝宝一起趴，让宝宝有更多的机会模仿趴的动作。
- 宝宝趴着时，家长可以利用玩具来适当引逗宝宝抬头，这样有助于提高颈部和腰背部肌肉的力量。
- 宝宝练习俯趴的地方最好是比较硬的平面，比如木板床、地垫等，不要在软床上进行，练习时家长要在旁边做好看护。

迟迟不翻身怎么办

- 排除疾病因素，如果宝宝迟迟不翻身，可以引导宝宝多练习俯趴。

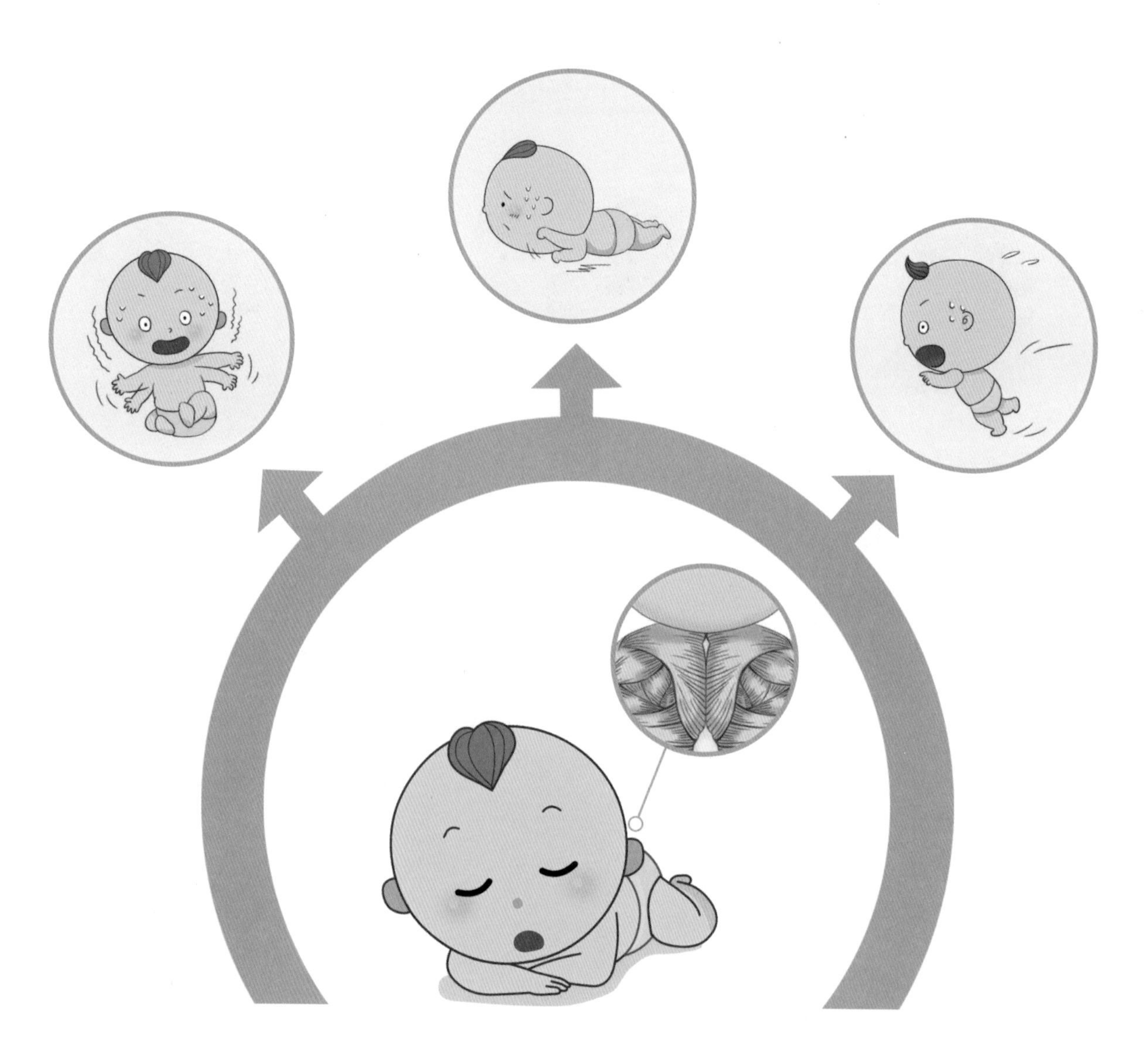

🐾 排除疾病因素，如果宝宝迟迟不能翻身，说明前期的俯趴练习没有做好，导致头颈、腰背部的肌肉力量和协调性不够。这不仅影响翻身，还会影响宝宝将来学习坐、爬、走等。

- 家长平时不要总是抱着宝宝或让宝宝一直躺着，要让宝宝多练习俯趴。超过 3 个月的宝宝，每次俯趴不少于 15 分钟。大点的宝宝能趴就尽量趴着，不限时长。
- 家长不要动手帮助宝宝翻身，这无助于宝宝练习技能，尽量让宝宝自己完成翻身的整个动作。
- 宝宝穿得太多或者体重过重，也会影响学会翻身的进程。家长要给宝宝适度穿戴，并且多让其练习翻身的动作，也可用宝宝感兴趣的玩具逗引他翻身。
- 家长无需担心宝宝俯趴会给身体造成伤害，俯趴不会压迫心脏；也不用担心造成窒息的危险。只要让宝宝趴在硬的平面上，周围不要摆放多余物品就可以了。宝宝在练习俯趴的时候，家长要在一旁看护。

大运动发育是有一定顺序的，宝宝只有练好了趴，才能学会后面的动作。每个宝宝翻身的时间不同，有早有晚，只要在合理范围内即可，不必按照别人的时间进度来。

如果宝宝超过 7 个月还不会翻身，并且连爬的意识也没有，俯趴的时候胳膊也不会往前挪，家长应该带宝宝就医，检查是否存在疾病原因。

靠坐、拉坐有必要练习吗

● 不推荐让宝宝练习靠坐、拉坐，应该让宝宝自己掌握运动发育节奏，自主掌握坐的技巧。

- 不推荐让宝宝练习靠坐。真正意义上的会坐指的是宝宝能主动控制和支撑身体坐起来，和被动地靠着物体不倒下是不同的概念，所以即使会靠坐也不代表会坐。
- 宝宝不主动坐，往往是身体肌肉的力量达不到支撑的要求，或大运动发育还没有发展到那一步。这时强迫宝宝靠坐，对他的身体实际上是一种负担，反而容易造成损伤。

- 也不推荐练习拉坐。拉坐属于医疗测评项目，通常只在特定的时候由专业人员操作，目的是评估宝宝的发育情况，并不适合作为日常训练方式。
- 反复地给宝宝练习拉坐，不仅无益于大运动发育，还容易给宝宝的身体带来损伤。

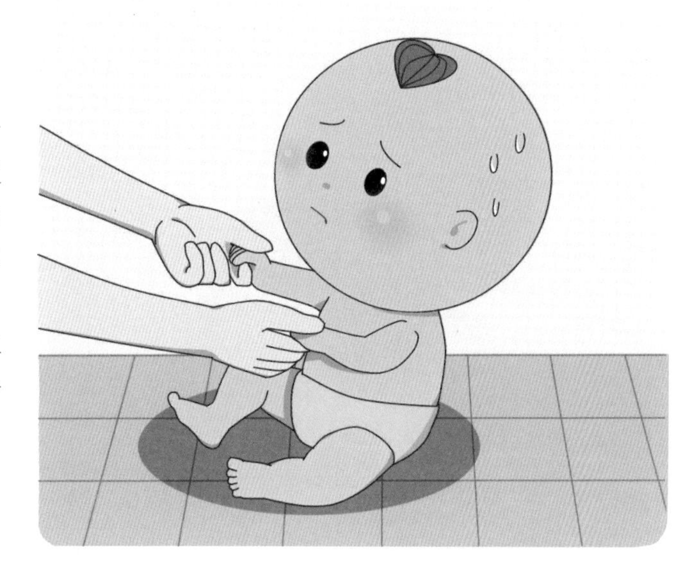

- 如宝宝迟迟不会独坐，家长应该引导宝宝多多练习趴和翻身，通过有效锻炼颈背部肌肉，让宝宝依靠自己的力量坐起来。

如何引导宝宝学习爬

宝宝快爬呀！
哇，哇！
宝宝不喜欢爬，刚爬一小截就不爬了。
累了就不要爬了！
爸爸来帮你！爬呀爬！
嗯，嗯！
这可怎么办呢？
宝宝爬得真棒！
哈哈，哈哈！
宝宝不爱爬，该怎样引导呢？
爬很重要，我们要好好引导宝宝。

爬在大运动发育中非常重要，不仅需要用到身体各个部位的肌肉群，还需要身体各部位协调性的配合。熟练掌握爬，可以为宝宝接下来的大运动发育打下良好的基础。

- 爬的时间在个体发育上存在很大差异，有的宝宝 6 个月就能爬，有的宝宝 10 个月才开始爬，但这并不能作为判定宝宝发育有问题的依据。

- 宝宝的兴趣点不一样，比如有的宝宝在练习趴时，偶然坐起来了，这让他对坐起来的动作产生非常大的兴趣，当运动能力已经可以爬了，由于他的兴趣点还停留在坐上，导致开始爬的时间会有些晚。

- 有些宝宝不爬是因为不知道怎么爬，需要家长做示范，刺激宝宝模仿。比如让颜色鲜艳的小球在地垫上滚动，家长在前面爬着去追小球，引导宝宝跟着自己爬。当宝宝爬过来时，要给宝宝热情的夸奖。

- 家长过于保护的态度，减少了宝宝爬的机会，宝宝自然很难学会爬。比如家长提供的爬行空间太小、床垫太软或地砖太硬等，都会消减宝宝爬的欲望，让他变得不爱爬。

🐾 宝宝爬的时间差距大，有可能是自身协调性的差异造成的。自身的协调性好，爬会早一些；但如果上一个大运动发育就晚，或者宝宝比较胖，爬自然就会晚一些。

🐾 家长不要太过强迫或帮助宝宝爬，要让宝宝产生自己用四肢配合去爬的意愿。过分干预只会让宝宝产生排斥心理，更不利于运动发育。

🐾 用跟宝宝做游戏的形式来鼓励他爬。比如，让宝宝趴在垫子一端，大人在另一端用玩具或食物引导宝宝爬向自己。当宝宝爬过来时，可以将玩具或食物当作奖励送给宝宝，提高宝宝对爬的兴趣。

🐾 如果宝宝比较谨慎，家长需要给予宝宝足够的安全感。比如，可以给宝宝开辟一个专门爬行的区域，铺上带图案的爬行垫来提高吸引力，在爬行区域里确保不要有危险物品或障碍物，让宝宝爬起来更轻松，更安全。

如何引导宝宝从扶站到独站

- 要顺应宝宝运动发育的规律，同时给予宝宝更多的安全感和鼓励。

大部分宝宝会在10~12个月之间学站，这个过程中，家长在尊重宝宝意愿的情况下，可以提供适当的引导，但绝不要强迫或代替宝宝去完成。

对于可以自己扶站的宝宝来说，助步车是一个很好的辅助工具，可以让宝宝更好地掌握站立的技巧，还可以锻炼上肢力量。但要注意固定助步车的车轮，以免小车滑动使宝宝摔倒。宝宝如果想要练习走路，可以抓住助步车的边缘进行挪步练习。

宝宝扶物站立比较熟练时，家长可以用玩具引导宝宝松开手，但要在旁边保护，防止宝宝摔伤，避免宝宝因为害怕而很长时间都不愿意再尝试独自站立。

- 如果宝宝因为害怕而不肯独自站立，家长不要强迫他，让他自由地选择站立方式。家长要多夸宝宝站得好，慢慢减轻他的恐惧感。一旦他有尝试松手独自站立的意愿，多多鼓励宝宝就可以了。
- 每个宝宝都有自己的发育节奏，这中间的差异有很多原因。有的是大人的养育观念出现偏差，没有给宝宝足够的机会去尝试；有的是宝宝过胖；也有的是宝宝性格谨慎，胆子比较小，需要更长的心理准备时间。家长要根据情况适度引导，在宝宝没有准备好前，不要勉强他。

可以用学步车、助步车来锻炼宝宝独立行走吗

- 不推荐使用学步车，可以选择助步车。在学习独立行走的过程中家长要遵从宝宝自己的发育规律。

不推荐家长给宝宝使用学步车。

学步车并不能让宝宝学走学得更好，更快，反而有可能推迟学会独立行走的时间。这是因为在使用学步车行走的过程中，宝宝大部分是借助外力完成，在承重、用力和保持平衡上，都和自己走时感受不同。

学步车车速不易控制，遇到斜坡或光滑地面，很容易出现翻车或撞伤的危险。

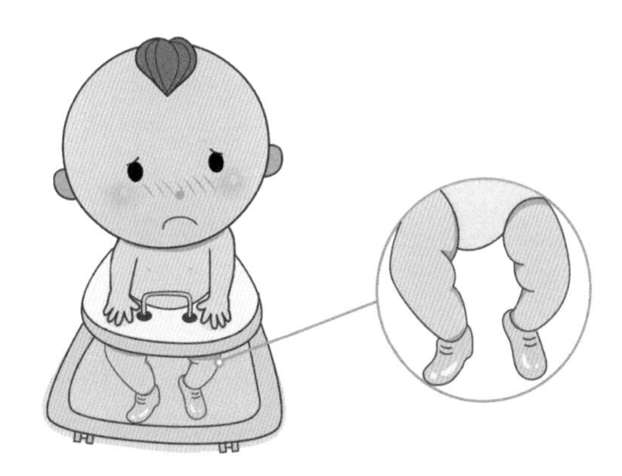

宝宝在学步车里大多时间都是半蹲着，依靠坐垫的力量支撑身体，并不是真正直站，这样容易让宝宝出现O型腿。

如果宝宝行走需要辅助工具的话，推荐家长使用助步车。

选择助步车的时候，大人要先试试看。除了要挑选质量有保证的产品外，还要留意助步车的速度、灵敏度、扶手的高矮和角度是否适合自己的宝宝。

助步车推行的速度比较慢，适合宝宝初学走路的步速，宝宝还可以自己控制走路的节奏。

在宝宝行进过程中，助步车可以提供一定的依靠，这有助于减少宝宝对掌握不好平衡的恐惧。

学步是自然发生的过程，过早学步会让宝宝无法很好地掌握平衡，很容易造成将来的腿部畸形，因此需要循序渐进，按照宝宝自己的发育节奏进行。在整个学步过程中，家长最好不要过于依赖辅助工具，应尽可能身体力行地陪伴宝宝。在宝宝使用助步车等工具学步时，家长一定要做好监护工作。在保证安全的前提下，引导宝宝靠自己的身体力量主动锻炼，最终实现独立行走。

Part3 精细运动发育

精细运动发育

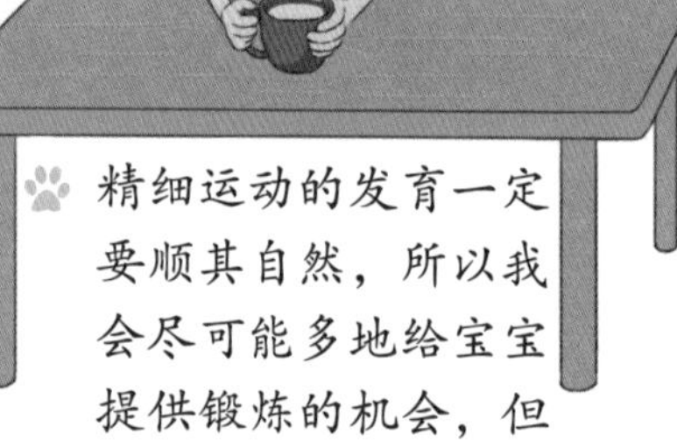

精细运动的发育一定要顺其自然，所以我会尽可能多地给宝宝提供锻炼的机会，但不会强求。

比如日常的吃饭、穿衣等活动，只要宝宝自己想动手，我就会让他自己来做，即便做得慢一些也没有关系，我会让他按照自己的方式来做，不会刻意教他一定要怎么做。

我做家务的时候，宝宝也喜欢参与一下，虽然他经常是帮倒忙，但我很高兴。因为只有这样，宝宝才能慢慢学会做这些事情，所以我很愿意跟宝宝一起做。

周末，我们会陪宝宝一起画画、做一些简单的小手工，宝宝很喜欢这些活动，我们也很充实。

医生点评

对于小手还没能完全张开的小月龄宝宝来说，在清醒时多练习趴卧，也能够促使宝宝的小手尽快张开，为手部精细运动的发育开个好头。

对于大点的宝宝来说，日常的吃饭、穿衣、如厕等都需要用到手的活动，都可以作为锻炼精细运动的机会，家长可以多鼓励宝宝自己尝试。

一些亲子手工游戏，比如穿珠子、剪纸、烘焙等，也能够使小手更加灵巧。

和大运动一样，精细运动的发育也是一个自然而然、水到渠成的过程。家长要做的就是，在保证安全的前提下，尽可能多地给宝宝提供锻炼的机会。

精细运动发育历程

- 精细运动的发育主要表现在手部的运动。新生宝宝的小手是拇指内收、紧紧攥住的，随着慢慢长大，小手逐渐能张开，出现抓、握、捏合等动作；学会使用杯子喝水，使用餐具吃饭；再长大，就能够模仿大人做家务，进行简单的手工活动，自己穿衣服。这些都是精细运动不断发育的表现。

不同月龄的宝宝精细运动涵盖不同的动作，锻炼的方式也有很多种。总体来说，家长可以在保证安全的前提下，多为宝宝进行示范，引导和鼓励宝宝进行模仿和尝试。

手部精细运动能力的训练是非常重要的。

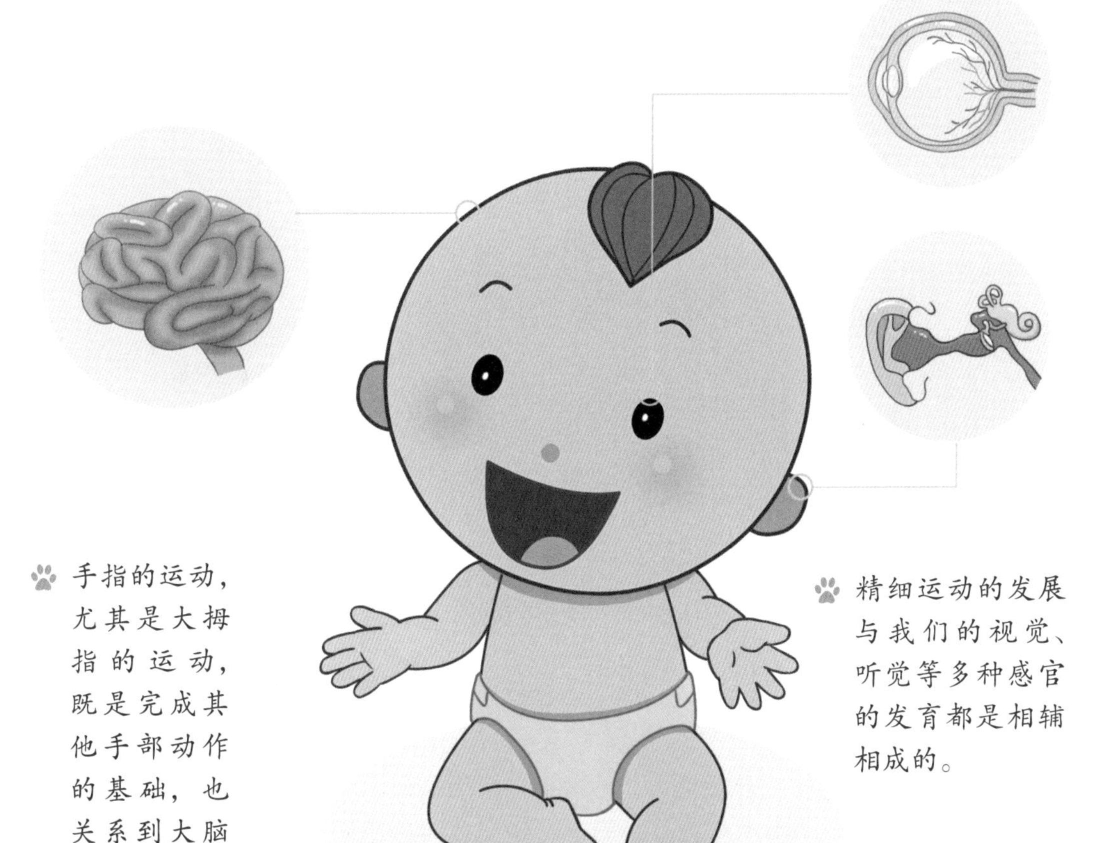

手指的运动，尤其是大拇指的运动，既是完成其他手部动作的基础，也关系到大脑功能的发育。

精细运动的发展与我们的视觉、听觉等多种感官的发育都是相辅相成的。

和大运动一样，精细运动的发育也是一个水到渠成的过程。不要过分纠结于发育时间上的早晚，也不要操之过急，一定要尊重宝宝自然的发展规律。如果发现宝宝的精细运动发育明显滞后，可以请医生检查是否存在发育上的问题。

在训练宝宝精细运动的过程中，要给宝宝做出正确的、安全的示范，以免宝宝习得错误的、危险的行为方式。比如妈妈在陪宝宝做手工针线活的时候，可能会习惯性地用舌头舔线头再穿针，这个动作如果被宝宝学会，很可能会发生危险。

手工游戏可能需要用到剪刀、针线等具有一定危险性的物品，或者是体积较小的零件、小珠子等道具，一定要注意使用安全，用完后要清点数目并及时收好，避免发生意外。

饮食在锻炼精细运动中的作用

让宝宝独立进食，是锻炼手部精细动作的一个非常好的方法。

独立进食时，宝宝需要想办法使用勺子等餐具把各种性状的食物送进嘴巴里，这个过程不仅能够锻炼他们对手的控制，还能够锻炼手眼协调的能力。

由于每个宝宝精细运动发育的快慢和对新事物的接受度有所不同，家长需要观察宝宝的表现来决定何时引入训练勺、训练筷等餐具的使用。

对于小宝宝来说，当他开始对大人使用的勺子产生兴趣时，就可以开始尝试使用训练勺来进食了。此时小宝宝对手的控制能力还比较弱，家长可以在宝宝自主进食的同时喂宝宝一些食物，来保证每餐的进食效率，在此基础上要多鼓励宝宝尝试使用勺子。

引入训练筷的时间要根据宝宝自身的情况而定。大多数宝宝会在3~5岁学会使用筷子。相对来说，女宝宝学会使用筷子的时间会比男宝宝稍早些。

可以为宝宝准备一些“手指食物”，引导宝宝练习捏拿。手指食物指的是可以用手捏拿起来，放入口中后可以迅速化开的食物。常见的磨牙棒、泡芙等都可以作为手指食物给宝宝食用。

还可以选购专用的零食盒来帮助宝宝练习捏拿。零食盒的上盖由硅胶等材料制成，把小零食装进去后很难倒出来，宝宝想要吃到零食，就只能把两根手指伸到零食盒中把零食捏出来。

宝宝爱吃手怎么办

● 对小宝宝来说，吃手是一种很常见的现象。小宝宝通过吮吸小手达到自我安抚、缓解紧张不安的情绪和身体的不适感受等。如果宝宝只是偶尔吃手，那么家长不需要太过紧张，但如果宝宝吃手很频繁、很用力，影响了正常的生活，或是牙齿、口面部以及手指已经出现了轻微的变形，家长就要想办法帮助宝宝脱离对吃手的依赖了。

1 可以用安抚奶嘴代替小手，满足宝宝吮吸的需求。因为相比于吃手，吮吸安抚奶嘴更安全，更容易戒除，对牙齿和口面部发育的不良影响也更小。

2 如果宝宝必须依靠吃手或吮吸安抚奶嘴才能入睡，或者是夜间睡眠不安，需要靠吃手或吮吸安抚奶嘴来安抚，那么家长还需要找到影响宝宝睡眠的因素，解决入睡难、睡眠不安的问题，而不是简单地用安抚奶嘴来代替手指给宝宝吮吸。

3. 如果宝宝白天吃手严重，那么家长需要审视一下自己的养育方式，看看是否存在低效陪伴等方面的问题。可以从排查和改善自己的养育方式入手，想办法增加宝宝白天的活动量，把宝宝的注意力从吃手转移到更有意思的事情上去。

4. 对于大点的宝宝来说，可以鼓励他们把小手作为探索世界的工具。在保证安全的前提下，带宝宝出门玩，鼓励他多去摸一摸、看一看。

5. 如果宝宝比较小，可以在他清醒时多趴着或和他玩游戏。给宝宝读绘本时，可以让宝宝自己用手抱着书，用手翻页。

如何引导宝宝使用杯子

- 宝宝满1岁后就可以尝试用杯子代替奶瓶了。大部分宝宝在1岁左右的时候已经具备用了杯子喝水、喝奶的能力，能够自己坐稳并能很好地抓住杯子。同时，1岁左右的宝宝对奶瓶的依赖感相对比较弱，这时戒除往往比较容易，等到宝宝再大些，对奶瓶产生了更强的依赖，就很难戒除了。

长期吮吸奶瓶，宝宝的嘴唇形状、牙齿咬合以及上下颌骨发育都可能会受到影响，严重影响宝宝将来的颜值。

1 家长一旦决定给宝宝戒掉奶瓶，态度就一定要认真和坚决。宝宝能否顺利戒掉奶瓶往往取决于家长的重视程度，如果家长自己就认为奶瓶戒不戒无所谓，那么宝宝自然很难戒除；如果家长认定奶瓶必须戒掉，并且坚持下去，那么宝宝虽然短时间内会抗拒，但一段时间过后就会慢慢接受的。

2 在戒除奶瓶前，先要告诉宝宝他已经是大孩子了，需要用杯子代替奶瓶喝水、喝奶。家长可以根据宝宝的喜好为宝宝选购一款能够防泼洒的学饮杯。

3 除了一般的水杯以外，还有鸭嘴杯、吸管杯等。相对来说，鸭嘴杯的口感更接近于奶瓶。如果宝宝不排斥，从奶瓶直接替换到正常杯子也是可以的；如果宝宝不能接受，那么也可以先过渡到鸭嘴杯，再过渡到吸管杯，逐渐引导宝宝换成正常的杯子。使用这两种杯子可以帮助宝宝学会主动控制向上吸水的力度，并配合吞咽动作，为最终使用杯子喝水做准备。

4 鸭嘴杯、吸管杯不能长期使用。长期使用这两种杯子同样会对宝宝的面部和口腔发育造成影响，所以家长要适时引导宝宝学习使用普通的杯子喝水。

宝宝左利手有必要引导吗

- 一般来说，宝宝在3岁后才会逐渐形成比较稳定的用手习惯。在此之前，家长很难确定宝宝到底是左利手还是右利手。关于宝宝为什么会有不同的用手习惯，其原因目前并没有定论。有研究显示，宝宝的用手习惯与遗传因素有一定的关系，也就是说如果父母是“左撇子”，宝宝惯用左手的可能性会比较大。还有研究认为，惯用手的形成与大脑左右半球的发育有关。

1 宝宝的用手习惯是在长期生活中逐渐形成的，家长应该抱着顺其自然的态度，千万不要强迫宝宝按照大人的意志刻意地培养用手习惯，这样很难得到理想的效果。如果方法不当，还可能对宝宝未来的学习、生活造成负面的影响。

2 与其刻意干预宝宝的用手习惯，不如想办法帮助宝宝的两只小手都变得灵巧起来。比如日常可以陪宝宝一起写写画画、做手工、做家务等，创造更多的动手机会，让宝宝勤动手、爱动手。

如何进行如厕训练

一般来说，2岁左右的宝宝就能自主控制排便了，所以这时家长可以着手引导宝宝进行如厕训练。开始如厕训练的时间并不是绝对的，有的宝宝在20月龄就可以开始训练，有的则需要等到27月龄，一般来说，男孩相比女孩要稍晚些。想要确定宝宝是否已经准备好如厕训练，需要观察他们是否已经出现了能够控制自主排便的“信号”。

- 对家长表达要“尿尿”或“拉粑粑”的意愿。
- 在排尿、排便后，宝宝会因为感觉到不舒服而向家长求助，比如用小手撕扯纸尿裤。
- 宝宝开始对家庭成员的如厕过程表现出兴趣，比如喜欢跟着爸爸妈妈上厕所。
- 宝宝已经有能力使用坐便器，并且能够自己用小手提拉裤子或者脱纸尿裤。
- 在宝宝清醒时，换上新的纸尿裤后能够保持1~2 小时的干爽。

可以按照这样的方式来逐步引导宝宝自主如厕：

- 告诉宝宝他已经是大孩子了，可以自己上厕所。可以通过讲绘本、由同性别父母带宝宝如厕等方式引起宝宝对如厕训练的兴趣。

- 在宝宝排便时，让宝宝尝试坐在小马桶上。这时可以先穿着纸尿裤，目的是让宝宝知道怎么使用坐便器。
- 宝宝习惯后，就可以尝试在白天大便时脱掉纸尿裤，使用小马桶。这时要进一步帮助他熟悉正确使用小马桶的方法，比如坐在上面的时候双脚要踩在地上。

- 逐渐增加使用小马桶的次数，提醒宝宝在需要排便的时候使用小马桶。宝宝习惯之后，白天就可以用小内裤来替换纸尿裤了。
- 在宝宝完全习惯了白天使用小马桶排便后，可以逐渐开始午睡和夜晚睡前的训练，在睡觉前提醒孩子先排便。

趴是精细运动的起点

- 趴不仅仅是大运动的基础，也是精细运动的起点。在宝宝清醒的时候，家长要在保证安全的前提下多鼓励宝宝趴着。

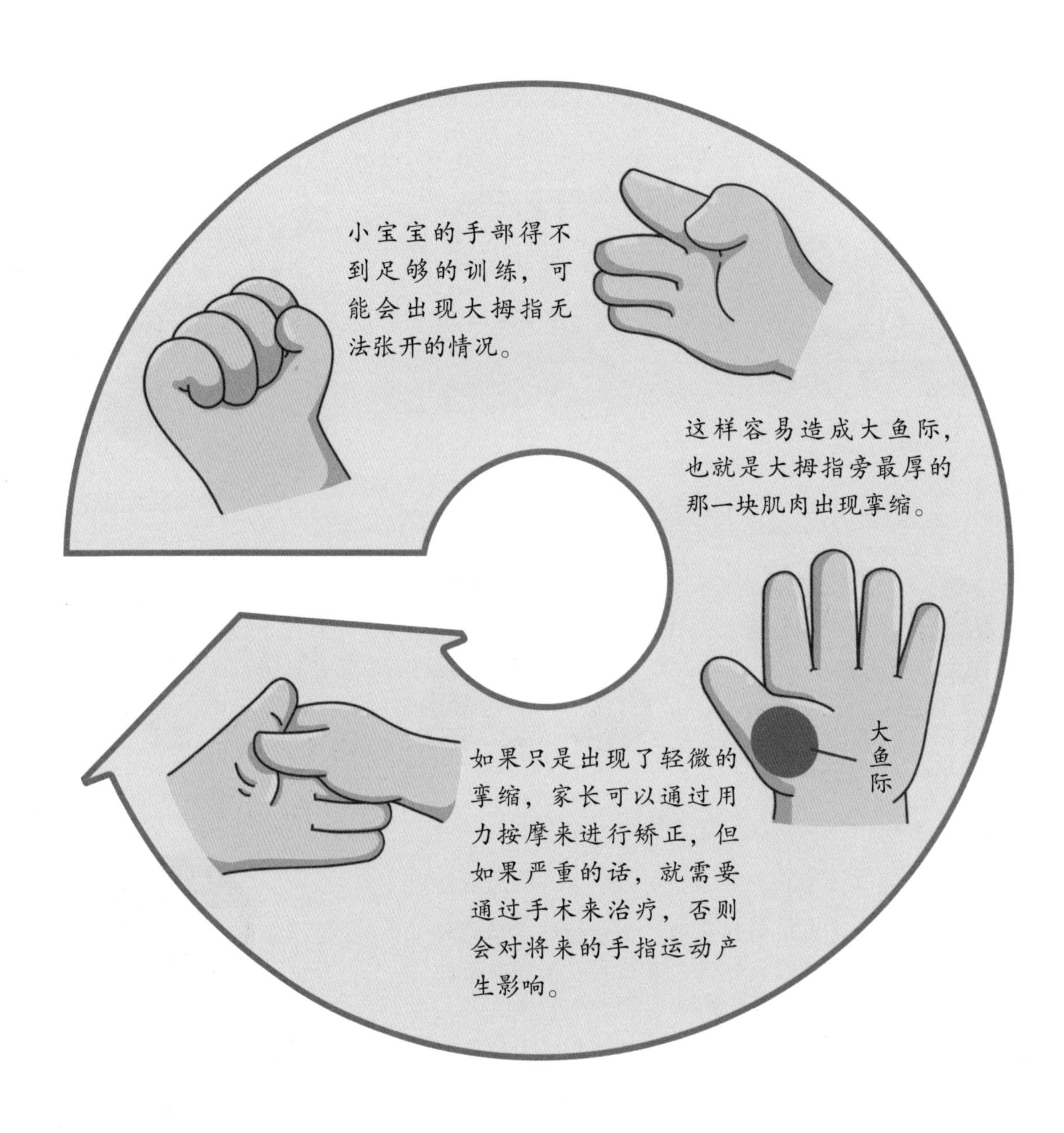
小宝宝的手部得不到足够的训练，可能会出现大拇指无法张开的情况。
这样容易造成大鱼际，也就是大拇指旁最厚的那一块肌肉出现挛缩。
大鱼际
如果只是出现了轻微的挛缩，家长可以通过用力按摩来进行矫正，但如果严重的话，就需要通过手术来治疗，否则会对将来的手指运动产生影响。

1 刚出生的小宝宝，小拳头都会攥得紧紧的，大拇指内收，另外四个手指包住大拇指。随着宝宝大运动的发育，当宝宝能够俯卧抬头时，为了能够更好地支撑身体，就需要小手张开来接触床面。经过这样反复地练习，宝宝小手大拇指内收的状态也会逐渐消失，这是宝宝手部精细动作发育的一个重大进步。

2 在宝宝清醒时，家长要多引导宝宝练习趴卧。练习趴卧时，家长可以与宝宝互动，也可以用小玩具引导宝宝抬头、转头。只要宝宝愿意，趴卧的训练可以尽可能多地进行。

3 有的家长担心宝宝在趴着时会压迫心、肺而影响其功能。人体的心、肺位于我们胸廓的中间位置，趴着和躺着对于心、肺的压力是相同的，我们之所以不会担心自己躺着会压迫心、肺，只是因为我们已经习惯了而已。趴卧姿势一般是不会对宝宝的心、肺有任何不良影响的，家长不必紧张。

咀嚼锻炼影响语言发育

- 咀嚼锻炼能够影响宝宝的语言发育。想要宝宝说话口齿清楚，需要面部肌肉、舌头和嘴唇能够灵活地相互配合才能实现，这就需要足够的咀嚼锻炼。

值得注意的是，宝宝的面部细小肌肉发育在 2 岁半时就已经基本完成了。所以说，如果在此之前没有得到充分的发育，那么之后就很难再发育到理想的水平了。如果是这样的话，宝宝日后说话都可能受到影响，即便日后能通过训练面部大肌肉来弥补，也很难达到理想的效果。

面部小肌肉的发育程度与咀嚼锻炼的多少有很大关系。面部小肌肉发育得好，宝宝在说话时才能精准地控制面部细小肌肉，发音才能标准，口齿才能清晰。

如果长期给宝宝吃过于细软的食物，宝宝的咀嚼能力锻炼就很难到位，这会影响到宝宝语言能力的发展，出现说话口齿不清、发音不准的问题。

对于刚刚添加辅食的小宝宝来说，家长要多给宝宝示范咀嚼的动作。比如让宝宝观察大人吃饭，或者在给宝宝喂饭时自己也做出咀嚼的动作等。

日常可以和宝宝一起做一些锻炼口周肌肉的小游戏。比如对着镜子吐舌头和做鬼脸，用舌头舔酸奶盖等。也可以在口腔医生的指导下，使用口周肌肉训练器进行锻炼。

- 在添加辅食的过程中，家长要根据宝宝出牙的情况和对食物的接受情况，及时调整辅食的性状，从泥糊状食物逐渐过渡到颗粒状食物，再到块状食物。避免长期给宝宝吃稀粥、汤面等不太需要咀嚼就可以咽下去的食物。
- 对于稍大一些的宝宝，可以尝试提供玉米棒、大腔骨等不会被咬碎或塞进嘴里的“功能性食物”，锻炼宝宝啃咬能力。

Part4 利于运动发育的环境

利于运动发育的环境

关于宝宝的大运动和精细运动能力训练，我焦虑了好长时间。不是怕宝宝运动能力落后，而是担心他出点什么意外，比如磕了，碰了，把什么小东西吃进嘴里了……

即使是在家里，我都弯着腰想扶着宝宝，但他又不愿意我扶着。

因为担心宝宝抓到什么东西就往嘴里送，我家桌面上几乎不放任何东西，更别提桌子角、桌子边了，我恨不得家里所有东西都包上防撞条。

保护宝宝安全是对的，但是我们需要给宝宝一定的自由发展空间，这才是最好的安全教育。

我逐渐放松心态，学习一些必要的防护方法，设身处地站在宝宝的立场去观察世界，正确看待运动发展与运动安全之间的关系，并把握好这个度。

医生点评

家长要创造足够的空间和机会，让宝宝去探索、去发展自己的运动能力。家长也要做好安全防护，避免出现意外损伤，这也是很重要的一点。

如何做好安全防护，需要根据宝宝运动能力的发育情况、家庭或者外部的客观运动环境以及宝宝对一些安全隐患的应对能力等方面综合来考虑，同时家长还应该避免一些容易给宝宝造成误导的生活习惯，比如把东西含在嘴里，当着宝宝面掏耳朵等。

安全防护也不要过度，不要过于小心翼翼，把逃避当成保护，不给宝宝真实的生活场景，否则对宝宝运动能力的发育以及适应社会能力的发展，都是不利的。

大运动的安全注意事项

家长应给宝宝积极创造安全的大运动练习环境，让宝宝在安全舒适的环境中自由发展。安全的环境可以让宝宝更自如地去探索，大胆尝试各项大运动，更轻松、更好地掌握运动技巧，从而顺利完成大运动发育的进程。

根据宝宝不同发育阶段，站在宝宝的角度，去排查他运动范围内的安全隐患。比如当宝宝学会了翻身，那么家长应该注意在旁多加看护，或者装上安全围栏，地板上铺上一层厚垫子，防止出现或减轻坠落的伤害；当宝宝学会了站立，那么比以往更高一点视野和接触范围内的安全隐患都应排查，站立时能够伸手接触到的易碎易损伤宝宝的物品都应收纳起来；宝宝会爬会走了之后，可以将他能接触到的家具电器等边角部位装上防撞条，抽屉装好安全锁，各种家具都要固定好，最好不要有下垂较多的桌布，以免宝宝拉扯后物品坠落，等等。

同时需要提醒家长的是，给宝宝提供安全的大运动发育环境，细心排查安全隐患，无可厚非，但这不等于草木皆兵，处处过于谨慎。不建议因为担心宝宝大运动安全，就把所有家具都清空。可以根据宝宝的认知能力发展，适当让宝宝有些安全意识，明白哪些可以碰，哪些要注意防范。培养安全意识尤为重要。

给宝宝提供的锻炼大运动发育的工具也应安全，比如不推荐使用学步车。学步车除了可能造成腿型问题外，还可能因宝宝掌控不好而发生意外事故。

精细运动的安全注意事项

- 随着宝宝精细运动能力的发展，他探索的空间和领域越来越大，在精细运动安全与自由探索之间，家长仍需把握好一个度，即在保证安全的前提下，让宝宝自由发展。

相对大运动而言，精细运动更容易发生意外风险，因此环境的安全性也显得尤为重要。安全的环境以及良好行为习惯的养成，可以让宝宝更好地建立安全意识，锻炼精细运动。

家长应以宝宝的视角去排查可能存在的安全隐患，随着宝宝探索欲和认知能力的发展，提前做好防范。排查家里的安全隐患，细微之处尤其不能放过，比如插电板要装上保护套；插孔安上保护盖，以免宝宝去抠时发生触电危险；饮水机的按钮也要装上保护装置，以免宝宝去按时发生烫伤危险。

排查安全隐患的同时，家长还应教育宝宝这些物品是什么，为什么可能会发生危险。必要时可让宝宝体验一些无关紧要的后果，比如当家长接完较热的水后，让宝宝稍微碰触下杯子（注意不要特别烫，以免烫伤宝宝），告诉他，那个红色的按钮不要轻易按，否则流出的水会烫伤小手。

选购玩具时应注意玩具的零部件是否固定，不要有脱落的风险，以免宝宝将小零件放进嘴里或塞进耳朵。

家长的某些小习惯，可能给孩子带来运动安全风险

- 家长是孩子最好的老师。很多被家长忽略、习以为常的生活小习惯，往往容易被宝宝模仿学习。因此家长一定要规范自己的行为，不做有安全风险的示范。

家长没有容易造成安全风险的习惯，自然大大减少了宝宝模仿不良习惯的机会，同时也有利于宝宝养成良好的生活习惯。

家长在组装玩具或者其他物品的时候，千万不要图一时方便，就把零部件或者螺丝等小东西含在嘴里。宝宝看见后，很可能模仿家长，把任何东西都放进嘴里。

家长用针线的时候，最好不要把线头放进嘴里舔，否则被宝宝模仿学习后，她可能也会热衷于把非食物的东西放进嘴里。

不要把非食物尤其是有安全隐患的物品，放到日常用来盛放食物的器具中，因为这些物品可能会导致宝宝误食，引发安全事故。

两个大人拉着宝宝的手向上拉起，这个动作很容易造成宝宝脱臼，应避免出现这种不安全行为。

需要给宝宝戴护膝、护肘吗

- 是否需要给宝宝使用护膝、护肘，要结合宝宝大运动发育情况、心理接受度、环境是否安全等因素综合判断，不是必须用与不用的问题，而是需要结合实际来定。

在必要的时间和环境下使用护膝、护肘，可以在一定程度上减轻大运动过程中出现的损伤，但如果长期使用，不利于宝宝树立安全意识以及大运动的正常发育。是否需要使用护膝、护肘，需要根据实际情况而定。

如果宝宝大运动发育还很不熟练，比如学走时经常摔跤，这时家长可以考虑给宝宝戴上护膝。

如果铺上了爬行垫，宝宝即使摔倒，也不会有较为严重的损伤，不妨让宝宝摘掉护具，自由轻松地练习。

宝宝特别排斥戴护膝、护肘，可能是因为内心非常不喜欢，家长也不要强求，只要做好安全防护，引导宝宝注意安全就可以了。

家长准备的护膝、护肘让宝宝觉得不舒服，宝宝也会很排斥，这时家长可以排查护膝、护肘是不是太厚了不透气或大小不合适戴着不舒服，可以作一些调整。

需要提醒家长的是，不要长期给宝宝使用护膝、护肘，把它们当成运动安全的精神寄托。当宝宝走路稳当了，就可以减少或不使用护膝、护肘了，这样做有利于宝宝建立运动的安全意识、掌握运动技巧。

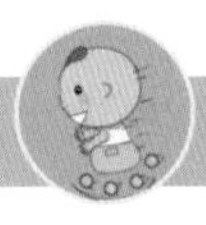

不跑不跳保安全，得不偿失

- 宝宝的运动发育是在不断的探索中得到发展的，要让宝宝在不断的尝试中找到技巧，掌握运动技能。

以减少运动机会的方式试图降低可能存在的损伤，并不是一个明智的做法。

随着宝宝的成长，他终究要掌握运动技巧，独自面对各种环境。

过度保护，只会让宝宝掌握技能更慢、更不熟练，甚至会影响宝宝心理健康。

* 家长要尊重宝宝的运动发育规律，提供练习的机会和场地。比如在家时，可以给宝宝准备爬行垫，让宝宝练习爬；出门时，可以给宝宝戴上护膝、护肘，练习走路。这样可以避免或者减少发生运动损伤的可能性。
* 在宝宝运动发育过程中，家长没必要过分紧张，实施过度保护会将宝宝与真实生活环境完全隔离开。

* 让宝宝在相对安全的环境中练习运动，同时教宝宝一些安全隐患的防范方法，比如，走路时，看到前面地垫上有一块积木，要告诉宝宝捡起来放到旁边，以免硌伤小脚；看到火或者冒着热气的水，告诉宝宝不要用手去摸。
* 让宝宝在自由的环境中进行安全的探索，同时学会一些应对措施，这才是聪明的做法。这样可以让宝宝对安全有更准确的认识，对运动有更灵活的掌握，对世界有更全面的认知。

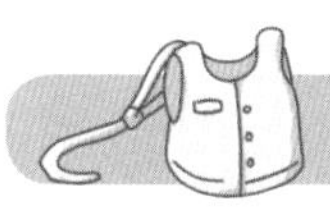

可以使用学步带吗

学步带可以使用。家长可根据自家宝宝的实际需要决定是否使用学步带，使用时需要注意，学步带充当的作用是辅助保护，而非帮助宝宝走路。

在宝宝练习走路阶段及刚学会走路时，学步带可以起到一定的安全防护作用。

学步带可以套在宝宝的上半身，后背有一条带子，家长可以牵引着宝宝。学步带可以起到安全防护作用。

更确切地说，学步带也是安全防护带，主要用于以下两种情况：

宝宝学步期间，走路还不稳，家长可以在宝宝将要摔倒的时刻，借助带子的牵拉，帮宝宝平衡身体重心。

宝宝学步阶段完成，但是宝宝对在哪里走还缺乏安全意识，家长可以利用学步带，将一不留神独自冲到马路边或者水池边的宝宝拉回来，保证宝宝的运动安全。

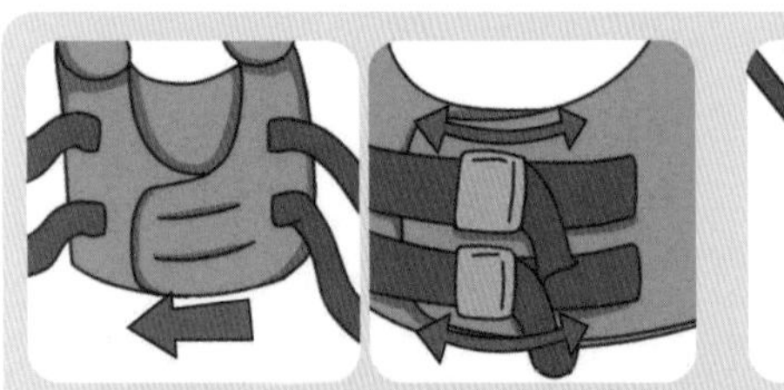

松紧适度

长度适中

使用学步带期间必须注意：家长一定掌握好带子的长度以及带子的松紧程度。太松，起不到保护作用；太紧，会限制宝宝行动自由。

Part5 损害运动发育的常见误区

损害运动发育的常见误区

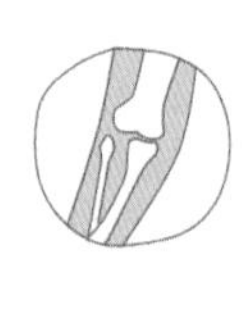

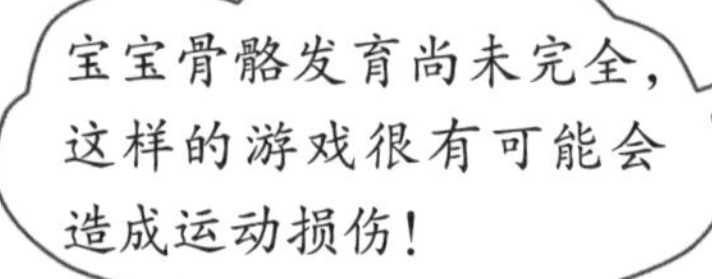

医生点评

婴幼儿的骨骼发育尚未完全，肌肉力量也较弱，如果互动的方式不恰当，很有可能会造成运动损伤。所以家长在和宝宝玩耍时，或者帮助宝宝练习某个动作时，要特别注意方式方法，避免造成损伤。

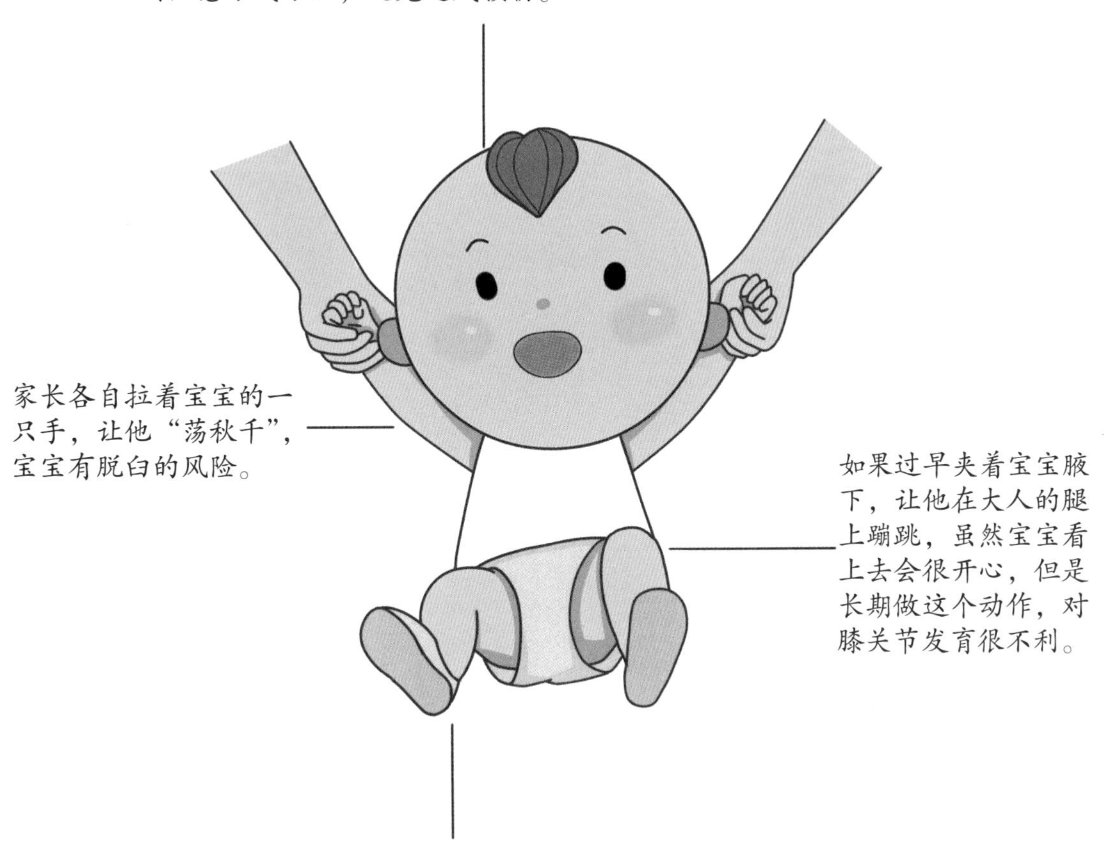

家长各自拉着宝宝的一只手，让他“荡秋千”，宝宝有脱臼的风险。

如果过早夹着宝宝腋下，让他在大人的腿上蹦跳，虽然宝宝看上去会很开心，但是长期做这个动作，对膝关节发育很不利。

家长在帮助宝宝学习大运动技能或和他进行互动时，一定要注意方式方法，千万不要人为地强迫宝宝练习，也要避免危险动作，更不要进行超前训练。

提拉宝宝双手悠着玩，太危险

1 日常生活中，不要提拉着宝宝的胳膊玩“荡秋千”的游戏，否则很容易导致宝宝腕关节和肩关节脱臼。

2 家长如果发现宝宝脱臼，要保护伤处，不要随意变换宝宝患肢的姿势，并立即带宝宝就医，由医生进行关节复位。

3 复位后的几天内，注意不要再牵拉伤处，避免再次脱臼，否则很容易形成习惯性脱臼。

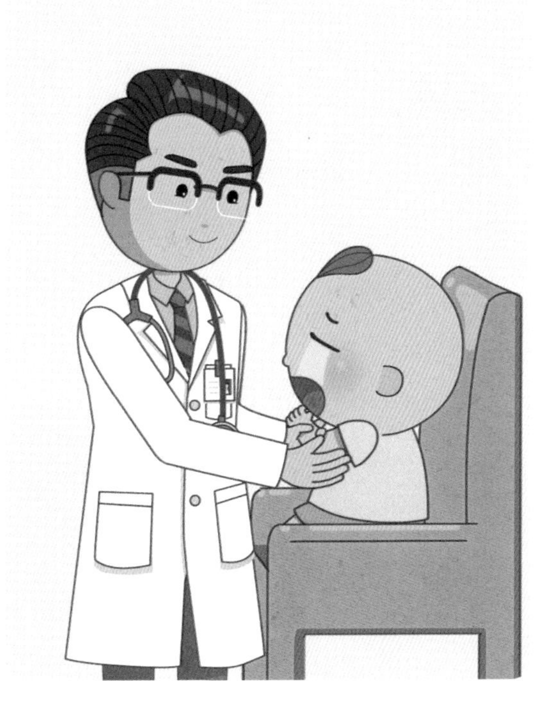

食物性状长期很精细，不利于口腔肌肉的发育

- 家长要根据宝宝咀嚼能力的发育，为其提供不同性状的食物，这样才能刺激宝宝口腔肌肉的发育。

长期给宝宝吃太细软的食物，咀嚼能力得不到充分锻炼，面部细小肌肉就很难变得灵活，宝宝可能会因此出现说话口齿不清、发音不准的问题。

1. 面部细小肌肉发育是有时间段的，在2岁半左右发育完成。如果在这之前没有得到很好的锻炼，以后就很难再发育到正常水平了。

2. 想要宝宝吐字清晰，发音准确，就离不开面部细小肌肉与舌头、嘴唇之间的相互协调配合，而僵硬的面部肌肉很难做到这些。即便能通过训练面部大肌肉来弥补，但还是会有一些差别，比如，说出的每个字重音都一样。

颗粒状的辅食

软烂固体食物

糊糊状的辅食

稍硬食物

3. 食物的性状和颗粒大小，应符合宝宝本身的口腔发育程度，并不是机械地根据月龄来定。可以综合牙齿萌出情况，以及对食物的接受程度，进行不断调整。
4. 长期吃过细、软烂的食物，宝宝基本不需要咀嚼，也就没有机会学习咀嚼动作，更谈不上对面部肌肉的锻炼。家长应该从添加辅食开始，就有意识地训练宝宝的咀嚼能力。
5. 等宝宝口腔和牙齿发育得比较成熟了，可以鼓励宝宝啃咬硬一些的食物，比如，磨牙饼干、大骨头之类，但不要选择胡萝卜条、南瓜条这类食物，因为这类食物在下咽的时候容易造成呛噎。

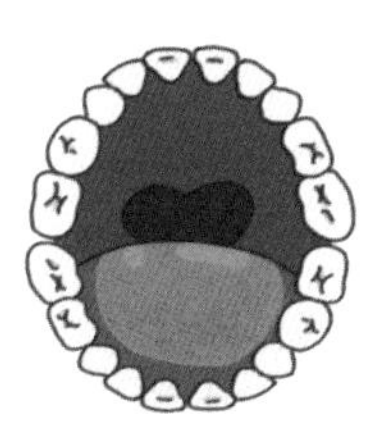
牙齿发育成熟

强行扶宝宝站立，不可取

- 大运动能力的发展应该顺其自然，家长切莫过于心急。

很多家长喜欢架起宝宝的腋窝，让他在自己的腿上蹦跳，殊不知这样的做法不仅达不到训练的目的，还会对宝宝造成不良的影响。

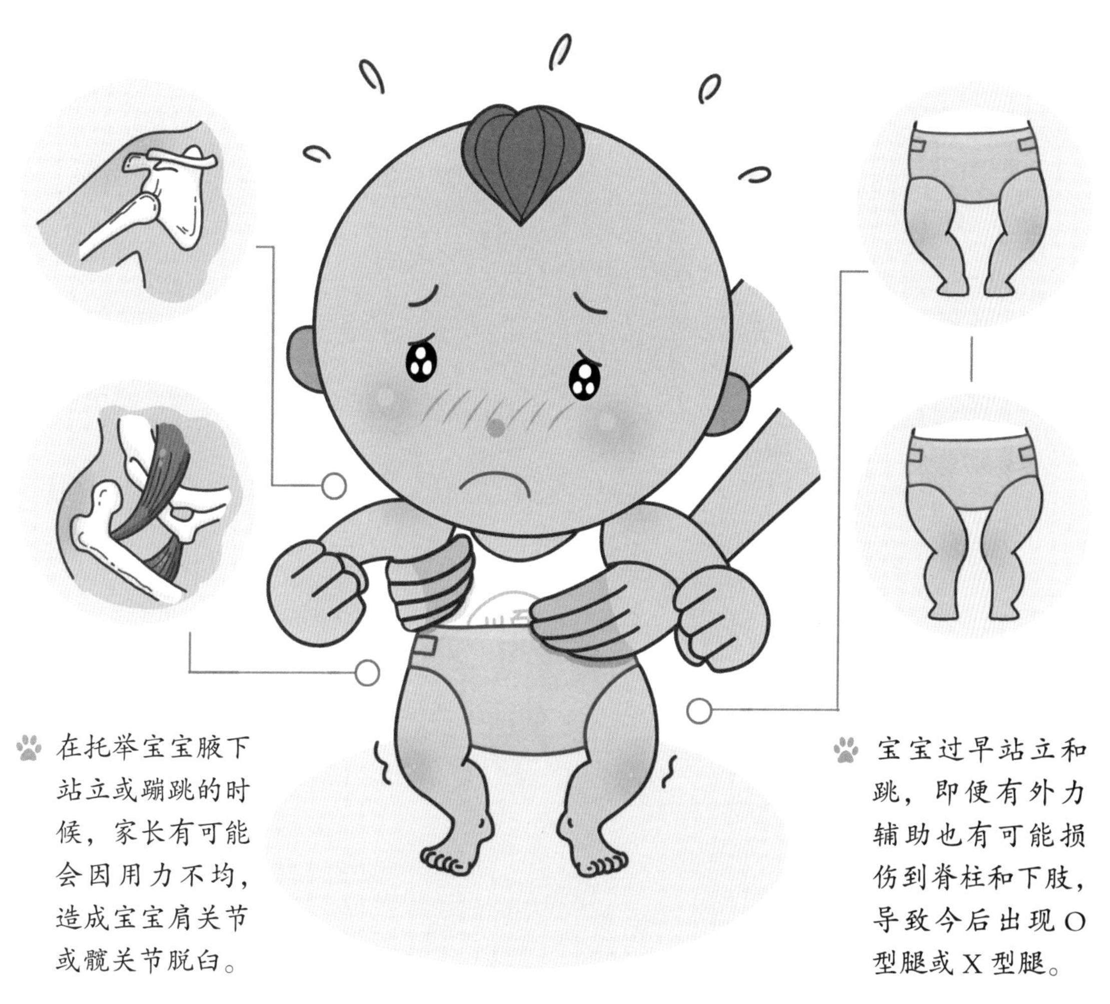

在托举宝宝腋下站立或蹦跳的时候，家长有可能会因用力不均，造成宝宝肩关节或髋关节脱臼。

宝宝过早站立和跳，即便有外力辅助也有可能损伤到脊柱和下肢，导致今后出现O型腿或X型腿。

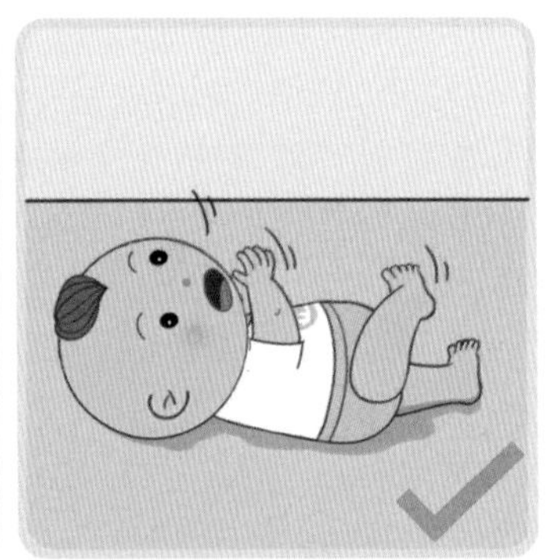

★ 3~4个月的宝宝，应该禁止在大人的腿上蹦跳。此时，在大动作方面主要训练的是翻身而非站立。家长可以鼓励宝宝多练习已经学会的动作，比如俯卧，这样能够加强宝宝颈、背和腰部的肌肉力量，增强全身肌肉的协调性。

★ 宝宝出生后下肢肌张力高，月龄小的宝宝站立会用脚尖着地。只要宝宝还处于脚尖着地的状态，就不推荐家长帮助宝宝练习站立，以免给肌肉和骨骼发育带来负面影响。

★ 宝宝的生长发育要符合自然规律，爬行的时候家长可以鼓励宝宝多爬；当宝宝有要站立的主观意愿时，家长可以伸出援手……家长可以适度引导宝宝，但不能让宝宝被动地进入下一个发展阶段，更不应强迫宝宝学习他还力所不能及的动作。

被动操，不要随意给宝宝做

- 被动操本身并没有问题，但并不是所有的宝宝都需要做。被动操主要是针对没有主动运动意识和有脑部损伤的宝宝，以及虽然有主动运动意识却没有主动运动能力的宝宝。并且，被动运动是带有医疗性的运动，是不是有必要做、做哪些动作、运动后的效果评估，都需要专业医生来判定。

这些动作很专业，
需有医生指导！
如果没有医生指导，家长自行给宝宝做被动操，很可能因为力度、姿势等不恰当，损伤宝宝的肌肉、韧带、关节等，得不偿失。

建议家长让宝宝多做主动运动，也就是通过玩具或其他方式吸引宝宝的注意力，引导宝宝自发地做出诸如挥动手臂、抬头、爬行等动作。

宝宝自主运动时，能够根据情况自己调节力度，如果所做的动作超出了自己的承受范围，或者感到不舒服，他会主动变换姿势，这样可以更好地预防受伤。

对大运动跳跃式训练说 NO！

- “大运动跳跃式训练”是不可取的。家长期待宝宝超前发育大运动，希望他能跳跃式地掌握运动技能，就人为地训练宝宝的大运动，这是不对的。大运动发育讲究“水到渠成”，家长可给予辅助，但是绝不要刻意地人为训练，超越宝宝目前的能力范围。

大运动发育与宝宝的生理发育水平有密切的关系，是“水到渠成”的过程。

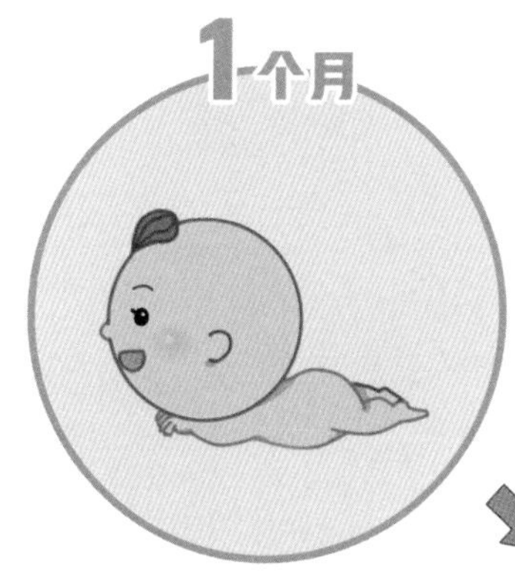

2个月

6个月

* 如果家长不遵循这些发育特点，一味地想通过人为控制，强迫宝宝学习某个大运动动作，甚至采取“跳跃式”的训练，不遵循“一举头，二举胸，三翻，六坐，七滚，八爬，九站……”这样“从上到下，从头到躯干再到四肢”的发育规律，那么不仅对宝宝掌握这个动作没有什么帮助，还有可能因为操作不当而给宝宝造成损伤。

* 评估宝宝大运动发育水平时，先去除人为的干预。例如，如果在宝宝翻身时，家长用手给了助力进行帮助；在宝宝坐的时候，家长在宝宝身后抵了一个靠垫，使宝宝不倒；推着宝宝的脚让他向前爬，或者拉着宝宝的手帮助他走稳，这些举动都算进行了人为的干预，宝宝虽然看似完成了动作，但是也不能算“会”。做发育能力评估自测时，家长就不能在相应动作上选“掌握”的选项。

✱ 去除人为干预后，评估时需要注意的另外一点就是，标准的严格性。发育测评上评估宝宝是否掌握了某一个动作的标准是，宝宝能在不同的动作间自如转换。例如，如果说宝宝会走，那么他不仅能根据自己的意志迈步向前走，还能在想停的时候停下来，甚至可以蹲下、起立后接着走，掌握到这种程度才能算作“会”走。如果宝宝只是能踉踉跄跄地向前走几步，不能控制方向，也无法在想停步的时候停下来，甚至走两步后以摔倒告终，那么即便没有家长的帮助，也不能算宝宝会走。

家长要调整的是自己的心态，掌握了评判标准后，家长还需要做的就是不要因为太希望宝宝测评结果优秀，就“自欺欺人”，将宝宝勉强会做，或者说还基本不能掌握的动作，都归为熟练掌握，影响最终结果的判定，掩盖原本可以被及早发现的发育问题。

偶尔"能"不代表"会"

对于宝宝是否掌握一项运动技能的评判标准是：宝宝是否可以在不同动作间自由转换。家长希望宝宝快快长大的心情可以理解，但是在评估大运动发育水平时，掌握客观正确的评判标准非常重要；否则在为宝宝进行发育水平自测评估时，很容易出现误判，也不利于发现潜在的问题。

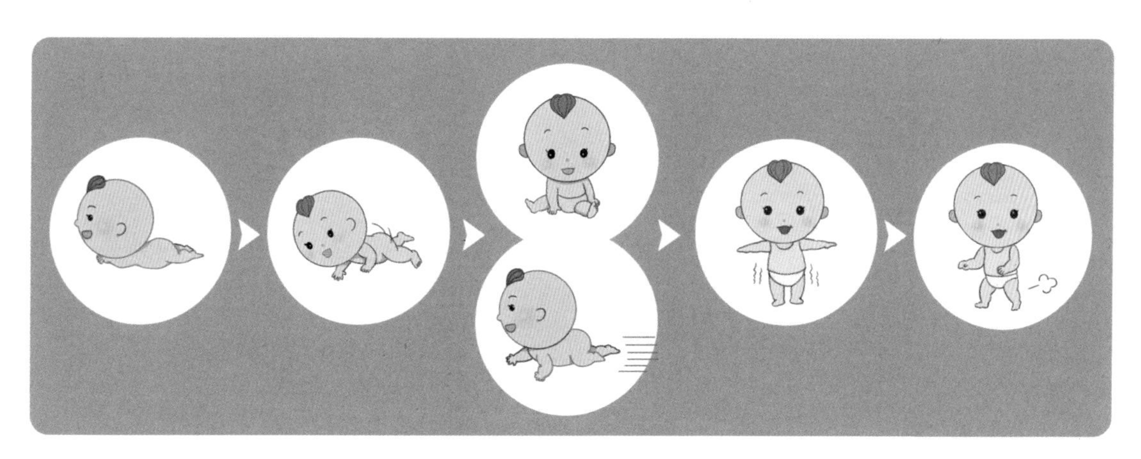

- 大运动的起点是趴，想要宝宝大运动尽快开始发育，就要为宝宝提供机会，让他多多练习趴。
- 小婴儿出生后，都是先学会抬头，然后是翻身和坐或爬，之后是使用手臂，最后是使用手和足部运动，最终能够走、跑和跳。这个过程中，除了坐和爬之间的顺序可能互换之外，其余的顺序都是不可改变的。

- 在整个运动过程中，家长要做的是给宝宝提供运动的机会，让宝宝更好地发挥自己的能力，而不是家长对宝宝进行训练。例如，当宝宝练习爬的时候，家长可以用手抵住宝宝的脚掌，提供助力，但不提倡用手去推宝宝，用强迫的方式训练他向前爬。

✤ 家长要为宝宝提供适宜锻炼的场地，例如让宝宝练习趴时，要找一块相对硬且平坦的地方。同时还要保证练习环境的安全，例如最好不要让宝宝在床上练习翻身，以免发生坠床的危险。

✤ 根据大运动发育的顺序，如果宝宝某个动作没有掌握熟练，就要从上一个动作开始练习。例如，宝宝如果坐得不好，那么先不要着急为宝宝提供更多的机会练习坐，而是要先观察他是否能熟练掌握翻身的技能，帮助他从上一个动作开始追赶。

Part6 运动发育的一般规律

运动发育的一般规律

自从有了宝宝后，我加入了很多育儿交流学习群，群里的妈妈们都很关心宝宝的运动发育，还有很多家长处于焦虑状态，主要有以下几种类型：

- 不确定宝宝发育的最佳时间，担心耽误宝宝掌握运动技能。
- 不光希望宝宝正常发育，还希望超常发育，提前练习各种动作，不能让宝宝输在起跑线上。
- 如果宝宝运动发育比别人家的宝宝晚，就会担心是不是发育迟缓……

我对这些焦虑没有共鸣。老话说："一举头、二举胸、三翻、六坐、七滚、八爬……"这个标准虽不一定非常准确，但至少告诉我们：宝宝的运动发育是有规律的，略早或略晚一点儿也没关系。

宝宝正常长，只要不出现较为明显的滞后，尊重宝宝的发育节奏就可以了。

医生点评

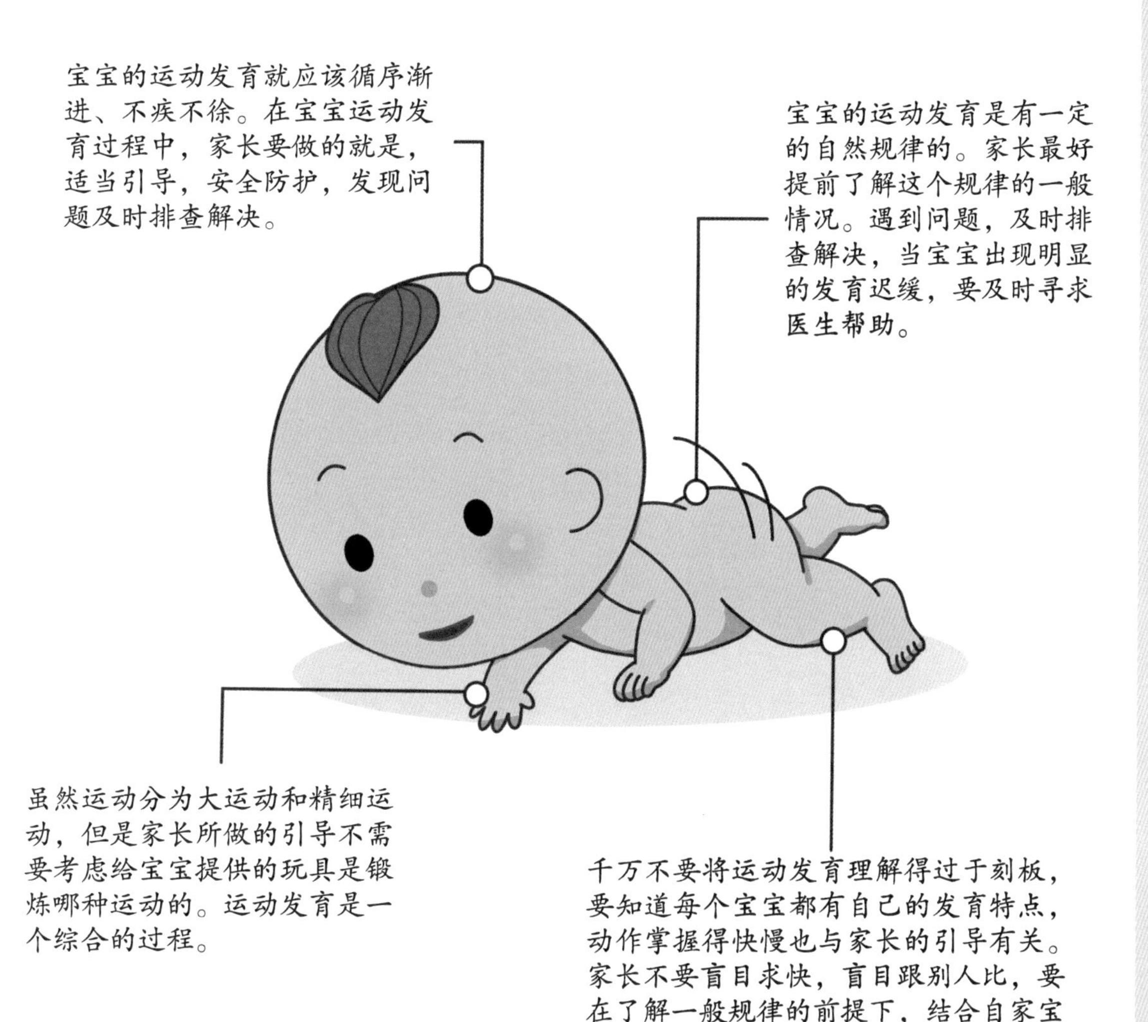

宝宝的运动发育就应该循序渐进、不疾不徐。在宝宝运动发育过程中，家长要做的就是，适当引导，安全防护，发现问题及时排查解决。
宝宝的运动发育是有一定的自然规律的。家长最好提前了解这个规律的一般情况。遇到问题，及时排查解决，当宝宝出现明显的发育迟缓，要及时寻求医生帮助。
虽然运动分为大运动和精细运动，但是家长所做的引导不需要考虑给宝宝提供的玩具是锻炼哪种运动的。运动发育是一个综合的过程。
千万不要将运动发育理解得过于刻板，要知道每个宝宝都有自己的发育特点，动作掌握得快慢也与家长的引导有关。家长不要盲目求快，盲目跟别人比，要在了解一般规律的前提下，结合自家宝宝的实际情况，作适当引导。

6 月龄宝宝运动发育一般情况

大运动发育一般情况

- 对于此阶段的宝宝来说，已经完全具备了俯卧抬头的能力。

- 大部分宝宝能够熟练地掌握翻身技能。

- 大部分宝宝不需要外力支撑就可以独自稳稳当当地坐住。

- 一小部分下肢力量明显增强的宝宝可以扶着墙壁或者沙发扶手等站一会儿。当然，现阶段并不建议让宝宝做类似的尝试。

- 有些宝宝开始有爬行的迹象，但一般要到8~9个月的时候，才会开始有意识地爬行。

精细运动发育一般情况

- 宝宝已经有意识和能力伸手去够自己想要的东西了。

- 大部分宝宝能够自己拿起两块积木，有的宝宝甚至还能把积木从一只手转移到另一只手中。

- 绝大部分宝宝都可以自己抱着奶瓶喝奶。

12月龄宝宝运动发育一般情况

不管是扶着还是拉着其他东西或者人，宝宝都能够自如地自己站起来。

几乎所有的宝宝都能够做到扶着沙发等缓慢地走动。

有的宝宝甚至还能弯下腰捡东西，再站起来。

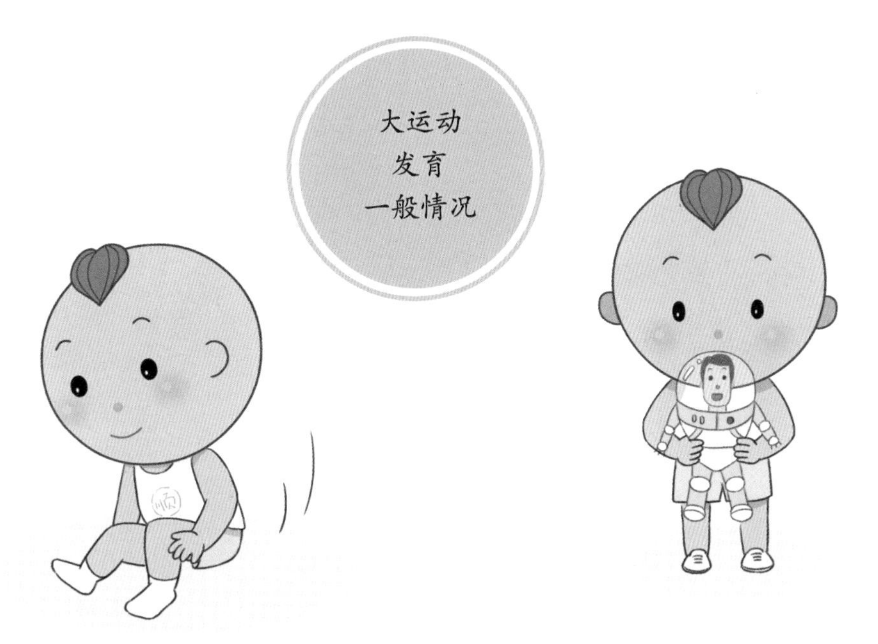

宝宝能够在不借助外力的情况下做到由站着到坐下。

大部分宝宝不需要扶任何东西就能独自站 2~3 秒钟。

不管是用拇指还是用其他哪根手指捏东西，12月龄宝宝都已经较为灵活，可以拿、捏、抓、握很多东西。

会用两手各拿着的积木互相敲击。

精细运动发育一般情况

有些宝宝开始拿着笔乱涂乱画了。

手腕也变得灵活了起来，大部分宝宝可以自主地扭动，比如会把东西拿起来，转个圈看看，然后再放下，并在扔、推、挤、压、拍、拧等动作中不断重复。

18 月龄宝宝运动发育一般情况

大运动发育一般情况

宝宝基本上都是在12~18月龄之间学会独自走路的，到18月龄的时候，几乎所有宝宝都已经能走得很好了。绝大部分宝宝还能后退着走，有的宝宝甚至还会在一些特定情境下向前小跑几步。

向前走、退后走

这一阶段的宝宝还能做到举球超过肩膀位置，再抛出去。

天哪，宝宝最近哪里都敢爬呀！

这一阶段的宝宝热衷于攀爬并乐于探索轻松攀爬的技巧，床、柜、桌、椅等有些高度的地方，他们都可能爬一爬。

提醒家长，一定要做好安全防护工作，避免宝宝出现运动意外情况。

精细运动发育一般情况

18 月龄的宝宝，涂抹乱画更加顺手，他们已经能够做到用蜡笔给图画上色。

一部分宝宝已经能够较为熟练地自己进食了，甚至还会注意不要撒落食物。

搭积木时，大部分宝宝能够做到把积木搭到四层而不倒。

大部分宝宝在家长的示范下，能够做到一手抓着容器一手将豆子或其他小物品放进容器里，再倒出来，手眼协调越来越熟练。

24月龄宝宝运动发育一般情况

24月龄宝宝的大运动和精细运动都已经处于一定的水平了，走路的同时可以做其他事情，比如，用手拿球。精细运动方面，宝宝的小手已经相当灵活，很多动作都完成得很好。

大运动发育一般情况

24 月龄的宝宝已经步入了相当欢脱的阶段，他们似乎没有一刻能闲下来。

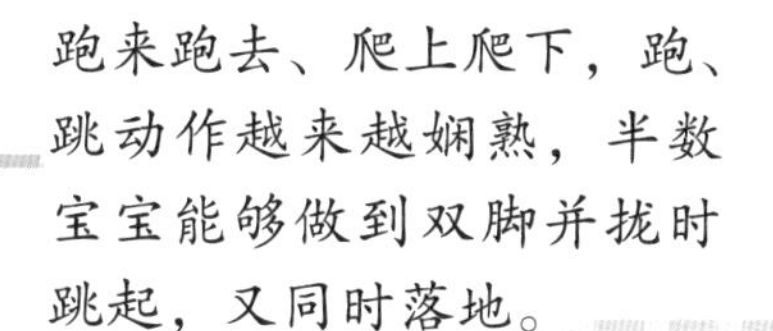

跑来跑去、爬上爬下，跑、跳动作越来越娴熟，半数宝宝能够做到双脚并拢时跳起，又同时落地。

上下台阶已经很自如，且能够较为熟练地爬上爬下。

举球过肩的能力和掌控度越来越高，大多数宝宝还能朝着预想的方向抛出。

几乎所有宝宝都能完成踢球动作，同时身体还能够保持平衡。单脚站立时也能维持片刻的平衡状态。

精细运动发育一般情况

24 月龄宝宝，小手已经很灵活了，他们可以轻松搞定很多细小的东西。比如：

36月龄宝宝运动发育一般情况

36月龄宝宝大运动发育和精细运动均已达到前所未有的高度，但是平衡能力还不是很好，很难单脚站立。

大运动发育一般情况

对于36月龄的宝宝来说，行走、跑跳等动作都不再具有挑战性，已经可以相当熟练地进行，只是平衡能力还稍有欠缺。

36月龄的宝宝，跑步姿势跟大人越来越相近，跑步长度、速度都有较大提升。

上下楼梯也不需要任何的帮助，甚至不需要扶着栏杆，走上走下都很自如。

攀爬更加灵活，且更具技巧性，手脚并用与配合把握得更好，还能有意识地保护自己。

双脚合并一起跳起来的动作更加熟练，而且能向前跳跃，甚至可以连续向前跳数米。单纯的跳远运动，也能做得很熟练了。

平衡性也在不断发展，单脚站立的时间越来越长，有些宝宝甚至能单脚站立5秒钟。

精细运动发育一般情况

36 月龄的宝宝，手指已经相当地灵活，已经基本掌握了单独活动某根手指的技能，并且还能让手指协调合作。

宝宝开始尝试使用工具完成一些游戏，比如用儿童安全剪刀剪纸等。

积木搭建越来越灵活，八层积木塔能够搭得越来越稳，平衡性越来越好，大部分宝宝还能试图用积木搭建桥梁。

握笔动作很熟练了，惯用右手写字的宝宝还能有意识地用左手固定住纸张，并模仿着画圆形、十字形等简单的图案。

在家长的指导下，很多宝宝还能折纸，并折出简单的成品，比如，能折出正方形、三角形等，且边角相对比较齐整。

图书在版编目（CIP）数据

崔玉涛图解宝宝成长 . 6 / 崔玉涛著 . —北京：东方出版社，2019.10
ISBN 978-7-5207-1200-2

Ⅰ. ①崔…　Ⅱ. ①崔…　Ⅲ. ①婴幼儿—哺育—图解　Ⅳ. ① TS976.31-64

中国版本图书馆 CIP 数据核字（2019）第 197163 号

崔玉涛图解宝宝成长 6
（CUI YUTAO TUJIE BAOBAO CHENGZHANG 6）

作　　者：崔玉涛
策 划 人：刘雯娜
责任编辑：郝　苗　吴　静　戴燕白　杜晓花
封面设计：孙　超
绘　　画：孙　超　陈佳玉　赵银玲　于　霞　戴也勤　冯皙然　张紫薇
王美迪　邢耀元　孙晓月
出　　版：东方出版社
发　　行：人民东方出版传媒有限公司
地　　址：北京市朝阳区西坝河北里 51 号
邮　　编：100028
印　　刷：小森印刷（北京）有限公司
版　　次：2019 年 10 月第 1 版
印　　次：2019 年 10 月第 1 次印刷
开　　本：787 毫米 ×1092 毫米　1/20
印　　张：7.5
字　　数：98 千字
书　　号：ISBN 978-7-5207-1200-2
定　　价：39.00 元
发行电话：（010）85924663　13681068662